“十四五”高等教育课程改革新形态教材

大学物理实验

主　编　魏　勇

副主编　稂　林　梅孝安　廖高华

参　编　李　蓓　张　娜　禹卓良

邓　姣　易富兴　李　昶

谭庆收　张　梅　李照宇

罗　良　邹志军

主　审　李宏民

特配电子资源

- 配套资料
- 拓展阅读
- 交流互动

南京大学出版社

图书在版编目(CIP)数据

大学物理实验 / 魏勇主编. —南京 ：南京大学出版社，2023.1(2023.7 重印)
ISBN 978 - 7 - 305 - 26317 - 0

Ⅰ. ①大… Ⅱ. ①魏… Ⅲ. ①物理学—实验—高等学校—教材 Ⅳ. ①O4—33

中国版本图书馆 CIP 数据核字(2022)第 226424 号

出版发行 南京大学出版社
社　　址 南京市汉口路 22 号　　邮　　编 210093
出 版 人 金鑫荣

书　　名 大学物理实验
主　　编 魏　勇
责任编辑 刘　飞

照　　排 南京开卷文化传媒有限公司
印　　刷 南京人文印务有限公司
开　　本 787 mm×1092 mm 1/16 印张 11.5 字数 260 千
版　　次 2023 年 1 月第 1 版 2023 年 7 月第 2 次印刷
ISBN 978 - 7 - 305 - 26317 - 0
定　　价 36.00 元

网　　址：http://www.njupco.com
官方微博：http://weibo.com/njupco
官方微信号：njupress
销售咨询热线：(025)83594756

前　言

大学物理实验是高等院校对理工科专业学生进行科学实验基本训练的必修基础课程，是本科生接受系统实验方法和实验技能训练的开端。该课程覆盖面广，具有丰富的实验思想、方法、手段，同时能提供综合性很强的基本实验技能训练，是培养学生科学实验能力、提高科学素质的重要基础。而且该课程在培养学生严谨的治学态度、活跃的创新意识、理论联系实际和适应科技发展的综合应用能力等方面，具有其他实践类课程不可替代的作用。

本书根据面向21世纪理工科专业大学物理实验教学内容与课程体系改革的精神，参照教育部《大学物理实验课程教学基本要求》，结合湖南理工学院大学物理实验室原有的物理实验教材和近几年湖南省高等学校基础课示范实验室建设成果编写而成。

书中第1章详细介绍了物理量的测量、误差和数据处理，这是大学物理实验课程中的基本知识之一，主要学习基本物理量的测量、基本实验仪器的使用、基本实验技能和基本测量方法、误差与不确定度及数据处理的理论与方法等。第2～5章为实验项目，分别涉及力学、热学、电磁学、光学多个知识领域，综合应用了多种实验方法和技术。实验的目的是巩固学生在基础性实验阶段的学习成果，开阔学生的眼界和思路，提高学生对实验方法和实验技术的综合运用能力，培养学生探索精神与创新素质。

本书中各实验项目由物理实验室中多年从事相应实验项目教学的老师执笔编写，本书的主要编者有魏勇、稂林、梅孝安、廖高华、李蓓、张娜、禹卓良、邓姣、易富兴、李昶、谭庆收、张梅、李照宇、罗良、邹志军等，全书由李宏民教授主审。总之，本书全部的实验项目的开展以及各章节内容的编写，都是实验室全体任课教师和实验技术人员多年辛勤劳动的成果，是集体智慧的结晶。

此书相应的电子教学资料均可在湖南理工学院大学物理实验室网站下载，网址为http://lab.hnist.cn，也可扫描本书扉页的二维码直接获取。

本教材由湖南理工学院教材建设专项经费资助，湖南理工学院教务处非常重视大学物理实验室的建设和发展，对本书的编写提供了大量的支持，在此表示衷心的感谢。此外，本书在编写过程中参考了许多兄弟院校的教材，甚至引用了某些内容，在此一并表示衷心感谢。由于编者水平有限，加上时间紧凑，书中的错误和不足之处在所难免，敬请读者批评指正。

编　者

2022年11月

目　录

第1章 绪 论

1.1 大学物理实验课程目的和任务

物理学是一门实验科学。人类对物理现象的规律性认识，首先是通过观察提出假说，再经过实验（或实践）总结其规律从而得到理论，或把由观察所得到的结论用实验方法加以验证，然后再提升为理论。已有的科学理论及其推论，仍不断地受到实验（实践）的检验，使其更完善、更深化，理论又能指导实验仪器设计与制造水平的提高，实验方法及手段也将随之更新；新的实验仪器和方法又可发现某些理论的片面性与局限性，由此又促进了理论的发展。由此可知，实践→理论→再实践→再理论螺旋式发展的过程，正是物理学发展的普遍过程。

所谓物理实验，就是人们为了研究、分析自然界中某些物理现象，人为地使现象再现所做的安排，它可抑制次要因素，而使主要因素从错综复杂的现象中呈现出来，还可变换现象进行的条件，以便对某些物理现象进行反复缜密的观测分析，从而找出现象之间的联系，并通过一定的相对准确的测量方法和手段建立相应的数量关系。特别是物理学发展到现在，若离开了科学实验，要进一步揭示宇宙的奥秘和基本粒子的内部结构几乎是不可能的。此外，在物理学渗透到各边缘学科和技术领域时，物理实验也往往起着决定性的作用。由此可见，物理实验是物理这门学科的基础和重要组成，对于理工科专业的学生，掌握物理实验和掌握物理理论是同样重要的。

我们学习大学物理实验这门课程时，不仅可以学习前辈们创造的丰富巧妙的实验方法，接触到各种各样的实验仪器，掌握一些基本的实验技能，还可以培养自己脚踏实地、实事求是的科学研究作风。不仅能使我们获得物理实验这门课程完整系统的知识，还可以为其他学科的学习打下良好的基础。

对于理工科专业的学生，物理实验课程的主要目的和任务：

1. 通过观察、测量与分析，理解研究物理学的基本方法，从而加深对物理概念和理论的认识。物理学本质上是一门实验的科学，已有的物理理论是前人从实验直接或间接得来的并经过了多次检验。我们学习它时，虽然不可能也没必要都用实验去重新检验，但针对主要概念和规律进行观测和分析，从中学习研究方法和加深知识理解是完全有必要的。

2. 学习物理实验的基础知识、基本方法，培养基本的实验技能。要做好一个实验，除了需要了解有关的理论外，还必须能运用恰当的实验方法，合理地选取符合实验要求的仪器;懂得怎样装配,调整及正确操作这些装置;熟练掌握一些基本物理量和重要物理常数的测量方法;对观察的现象,测量的数据,实验结果能正确记录,运算和分析,并能写出科学而完整的实验报告。

3. 培养严肃认真,实事求是的科学态度和刻苦顽强,耐心细致的作风。实践是检验真理的唯一标准,物理学是科学真理,来不得虚假。做物理实验时我们一定要严肃认真,严格要求,做到测量真实,准确可靠,分析有理,结果正确,不达目的决不罢休。

大学物理实验课程虽有老师的指导,但在实验中主要靠同学们自己动手独立完成。因此,我们应以一个研究者的姿态去独立组装仪器,进行观测与分析,大胆而细致地探讨最佳的实验方案,从中积累经验,锻炼技巧和机智,这将为以后独立地设计实验方案,选择并使用新仪器设备和解决新的实际问题打下扎实的基础。

1.2 测量和误差的基本概念

一、测量和误差的概念

1. 测量及其分类

物理实验总是离不开物理量的测量。所谓**测量**,就是借助仪器(或量具)将待测量和规定的标准单位量进行比较确定其倍数的过程。例如,用刻度尺测量某物体的长度是23.6 mm,则表示以毫米(mm)为标准单位,待测物体的长度为毫米的23.6倍,测量结果必须同时给出待测物理量的数值和单位。

依获得测量结果的方法不同,可以把测量分为直接测量和间接测量两类。能由仪器(或量具)直接测出被测量的数值(大小)的测量称为**直接测量**。例如:用米尺测长度,天平测质量,秒表测时间,温度计测温度等。也有许多物理量不能直接测得,而要通过对某些有关物理量的直接测量,再借助于某些函数关系(或公式)计算得出待测量的大小,这种测量方法称为**间接测量**。例如:在单摆实验中,通过对单摆长 L 和摆动周期 T 的直接测量,再利用公式 $T=2\pi\sqrt{l/g}$,计算出重力加速度 g。当然随着科学技术的发展,测量仪器有了很大的进步,许多过去要间接测量的量,现在可以进行直接测量了。因此,我们在完成实验报告时,一定要标出所用的主要仪器。

其次,根据测量的条件和过程也可把测量分为等精度测量和不等精度测量。测量的条件和过程主要指观察者、仪器、测量方法、环境等。如果对某物理量重复测量了许多次,而每次的测量条件都完全相同,我们称这种测量为**等精度测量**;若测量中只要某个条件发生了变化,就称为**不等精度测量**,例如:原来用米尺测长度,后来用游标卡尺测长度就是不等精度测量。

2. 测量结果的准确度

各物理量的测量,不论是直接测量还是间接测量,都只是客观实际的近似反映,都具有不准确性。所以实验者应能依据仪器的精度(仪器所能精确测得的最小单位),正确估计实验结果的准确度,来决定实验结果有无价值,实验是否成功,并可据此来改进实验方法和实验仪器。

3. 误差及其分类

在物理实验中,我们所要测量的某一物理量在一定条件或状态下总有一个客观存在的实际数值叫作**真值**。但在实际测量中,由于实验的原理方法、测量仪器不够完善,实验环境的变化,人们的观测能力的限制,所得的测量值和真值之间总有一定的差异,这种测量值和真值之差称为**误差**。若某物理量的真值为 x_0,测量值为 x,则误差可表示为

$$\varepsilon = x - x_0 \tag{1-2-1}$$

由于测量误差是不可避免的,而真值又是测不出的,所以测量的目的应当是在尽量减少误差之后求出在该测量条件下测量的最近真值,以及对它的准确度做恰当的估计,有关误差理论就是为了完成这一目的而发展起来的。

误差按其产生的原因,可分为系统误差,偶然误差和过失误差三类。

(1) 系统误差

在一定的条件下(指仪器、方法、环境和观测者),对同一物理量进行多次测量时其测量结果总是向一个方向偏离(总偏大或偏小),即测量误差的符号与大小总是保持不变或按一定的规律变化,这种误差称**系统误差**。其来源有:

① 观测者的生理缺陷,不良的实验习惯或实验技能不佳带来的偏向,所造成的误差。我们又称为个人误差。例如:反应的快慢,分辨能力的高低总使读数偏大或偏小(如按表时总是稍早或稍迟)。这种误差只有实验者细心体察和经过训练才能有所减小。

② 实验仪器制造上的缺陷或使用时调节不当或未加校准,元件老化所造成的误差,我们称为仪器误差。例如,米尺刻度不精确、不均匀或因温度变化而热胀冷缩等造成读数不准。这类误差只有对仪器进行校准才能减小。应注意:第一,仪器误差通常标记在仪器铭牌上或说明书中,有时也用仪器的精度级别表示。应当养成实验者先仔细看仪器铭牌的习惯,并记住仪器型号、量程、等级、接线图等,以便正确使用。第二,若未给出仪器误差,则可做如下估计:对有游标的量具和非连续读数的仪表(如电子表、数字仪表)取(单次测量而言)其最小分度值;对能连续读数仪表,则取最小分度值的一半。

③ 实验理论和方法的不完善,间接测量时所利用的公式,一般是在很严格的条件下导出来的,而实验往往难于全部满足这些条件,因此用测量值计算的结果,无论测量如何准确,计算如何精细,也必然与理论值有偏差,这种偏差我们称为理论误差。如用单摆测 g 时所用的公式 $T=2\pi\sqrt{l/g}$,是在摆的偏角 θ 很小(满足 $\sin\theta \approx \theta$) 和忽略摩擦阻力的条件下导出来的。显然这些条件实验中无法满足,从而使测量结果产生误差。这些误差可通过对公式的修正(如加修正项) 而减小。

系统误差中有的难免确定其符号和大小,可对观测值加以修正,但有些系统误差的大小和符号都不知道,则应在实验中采取一些办法去限制和减小它对测量结果的影响。当然在实验中,一般不考虑系统误差的修正,但同学们在思想上必须明确,在测量结果中,包含着系统误差的因素在内。

(2) 偶然误差

又称随机误差，在相同的条件下对同一物理量进行多次测量，其误差的大小和符号的变化时大时小，时正时负，没有确定的规律，也不可能预料这种误差叫作偶然误差，它的可能来源是：

① 外界偶然因素的干扰和影响。例如，使用物理天平称量时，外界系统的影响；地板或桌子的规则振动造成测量结果的大小不一。

② 实验者的感官(如听觉、视觉、触觉)的分辨能力不尽相同(同一个人不同时刻也可能不同)，表现为估读能力不一致；以及实验者技术水平的限制。例如，用温度计测温度，用米尺或螺旋测微器测长度时，最后一位读数是估计的，由于受到眼睛分辨本领的限制，读数可能偏大，也可能偏小，根据式(1-2-1)得 ε 时而为正，时而为负，而且正或负的误差发生的概率服从统计规律——各次测量值总是在其真值附近涨落，且正负概率均等。

据此，在实验中，偶然误差虽然不能消除但可以减少。在相同条件下，对同一待测量进行多次重复测量所求得的算术平均值最为接近真值。因此为了减少偶然误差，我们要尽可能地采取多次测量，取多次测量值的算术平均值作为测量结果，同时对测量结果的可靠程度做出合理的估计。

(3) 过失误差

又称粗大误差。这是明显的歪曲测量结果的误差，这种误差是由于实验者使用仪器的方法不正确，实验方法使操作不合理，粗心大意，过度疲劳，读数记录数据发生错误，以及实验状态还未达到预定的标志就匆忙测量等引起的。这种误差是人为的，实验中应绝对避免。正确测量结果中不容许含有过失误差，含有过失误差的测量值(坏值)，如发现应立即剔除。

根据上述讨论可知，在实验中过失误差是完全可以避免的。系统误差和偶然误差虽不能避免，但能尽量减小。我们应知道系统误差不遵循统计规律(应采取修正的办法)，因此在误差理论中一般只计算偶然误差。

1.3 有效数字及其运算

一、有效数字的基本概念

有效数字对科研工作者十分重要。下面我们从一实例引入有效数字的知识。

【实例】 图1-3-1是用毫米刻度尺对一杆的长度进行测量，其长度在3.4～3.5 cm之间。如果我们将其记为 $l=3.43$ cm。这个数据的前两位是准确的，叫准确数字。最后一位“3”是估计的，叫可疑数字，不同的测量者可能估计出不同的可疑数字。

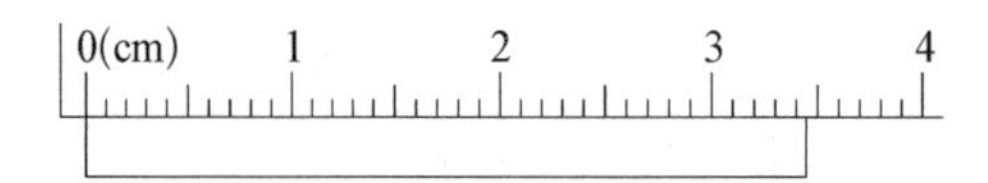

图1-3-1 毫米刻度尺读数图

我们把上述的准确数字和可疑数字都叫**有效数字**，任何仪器读数都要读到最小刻度的下一位。记录的数据只能保留一位可疑数字，决不允许随意增减有效数字的位数。对于图1-3-1的测量，将结果写成3.4 cm、3.5 cm、3.450 cm或3.430 cm都是错误的。如果杆长恰好压在3 cm这条线上，应将其记为3.00 cm。要注意小数点之前定位所用的零不是有效数字。一个数从左至右遇到的第一个非零数字本身及其后面所有的数字(包括零)都为有效数字。从测量数据的有效数字的位数上就可大体判断测量仪器的精度。例如，三个测量数据分别为12.4 mm、12.46 mm、12.463 mm。可以判断第一个数据是用最小刻度为mm的米尺测量而得，第二个可能是精度为0.02 mm的游标尺所测，第三个数据则可能是由(千分尺)螺旋测微计所测。

有效数字的位数不多，但又要表示较大的数时，应采用科学计数法。例如，下面一组数据都是三位有效数字且表示同一刻度：3.43 cm，34.3 mm，0.343 m，3.43×10^{8} km，3.34×10^{-5} km。

二、有效数字的运算规律

因间接测量的结果要将直接测得的量代入某些公式中算出，而直接测量的准确度不可能一致，有效数字的倍数也不一定相同，那么在运算中如何处理有效数字才能使结果是科学可信呢？这就要靠有效数字的科学运算来保证。

1. 加减法规则

两数和或差的结果中的可疑数字的位置应与两数中最高的可疑位数截齐，此后的可疑数采用四舍五入的办法去掉。

【例1-1】 (1) 求$43.320\underline{6}+36.2\underline{5}=?$ (2) 求$43.328\underline{6}-36.2\underline{5}=?$

解

$$\begin{array}{r} 43.320\underline{6} \\ +36.2\underline{5} \\ \hline 79.5\underline{706} \end{array}$$

取$79.5\underline{7}$

$$\begin{array}{r} 43.328\underline{6} \\ -36.2\underline{5} \\ \hline 7.0\underline{786} \end{array}$$

取$7.0\underline{8}$

为简化运算，可以选两数中最高的可疑位数为准，而把另一数中在这位数以后的数字用四舍五入去掉，再进行加减运算，上例也可以为：

(1) 43.3206＋36.25＝43.32＋36.25＝79.57；

(2) 43.3286－36.25＝43.33－36.25＝7.08。

练习 (1) 32.1＋3.276＝? (2) 26.65－3.926＝?

$$\begin{array}{r} 32.\underline{1} \\ +\ 3.27\underline{6} \\ \hline 35.\underline{376} \end{array}$$

取35.4

$$\begin{array}{r} 26.6\underline{5} \\ -\ 3.92\underline{6} \\ \hline 22.7\underline{24} \end{array}$$

取22.72

简化运算：(1) 32.1＋3.276＝32.1＋3.3＝35.4；(2) 26.65－3.926＝26.65－3.93＝22.72。

2. 乘除法规则

两数相乘或相除时，积或商所保留的有效数字的位数，应与两数中有效数字最少的那个数的位数相同(有时可能多一位或少一位)。

【例1-2】 (1) 0.003456×0.038=？　　(2) 5.348×20.5=？

解

```
(1)     0.003456
     ×     0.038
    ------------
           27648
          10368
    ------------
     0.0001313128
       取0.00013

(2)       5.348
     ×     20.5
    ------------
          26740
          0000
         10696
    ------------
        109.6340
          取110
```

【例1-3】 (1) 1.4÷3.142=？　　(2) 3.14159÷2.50=？

解

```
(1)               0.445
        3.142 / 1.4000
                12568
                -----
                 14320  ← 全是可疑数：故必是可疑数
                 12568
                 -----
                  17520
                  15710
                  -----
                   1810
                取0.45

(2)            1.2566  ──→ 取1.257(比2.50多一位)
        2.50 / 3.14159
               250
               ----
               641
               500
               ----
               1415
               1250
               ----
               1659  ← 全是可疑数，故商必为可疑数
               1500
               ----
                1590
                1500
                ----
                  90
```

【例1-4】 3764÷217=？

解

```
             173.4 ……──→ 取173
       217 / 37643
             217
             -----
             1594   ──→ 9为可疑数，但不影响商7，7仍为准确数
             1519
             -----
              753   ──→ 全是可疑数，商为可疑数
              651
             -----
              1020
```

其实，上述乘除法可以做以下简化运算：求两个数的积或商时，可选按四舍五入办法将有效数字位数多的那个数改为与有效数字位数少者位数相同的数，再进行运算，如

【例1-2】 $3.456\times10^{-3}\times3.8\times10^{-2}=3.5\times10^{-3}\times3.8\times10^{-2}=1.330\times10^{-4}=1.3\times10^{-4}$。

【例1-3】 (1) $1.4\div3.142=1.4\div3.1=0.45$。

(2) $3.141\,59\div2.50=3.14\div2.50=1.257$。

【例1-5】 地球的质量 $M=5.983\times10^{24}$ kg，月球质量 $m=7.34\times10^{22}$ kg，地月间的距离 $r=3.843\,93\times10^{8}$ m，求其间的万有引力($G=6.67\times10^{-11}$ N·m²/kg)。

解 在公式 $F=G\dfrac{Mm}{r^2}$ 中，G 与 m 都是3位有效数字，所以 M 与 r 也只需取3位有效数字，第4位按四舍五入处理，即得

$$F=6.67\times10^{-11}\times\frac{5.98\times10^{24}\times7.34\times10^{22}}{(3.84\times10^{8})^2}=\frac{6.67\times4.39\times10^{36}}{1.47\times10^{17}}=\frac{2.93\times10^{37}}{1.47\times10^{17}}=1.99\times10^{20}\ \text{N}。$$

3. 由乘除法则可推知乘方、开方规则

某数的乘方(或开方)的参数(或被开方数)有几位有效数字，其结果中就保留几位有效数字。

【例1-6】 (1) $3.84^2=14.\underline{745\,6}=14.7$。

(2) $\sqrt{16.4}=4.0\underline{49\,7}=4.05$。

4. 测量值与常数或与已知的正确值(即无穷多位有效数字)进行运算时，其结果中也只保留一位可疑数字，即有效数字的位数与测量值的位数相同(有进多一位或少一位)

【例1-7】 (1) $72.\underline{4}\times3=21\underline{7}.\underline{2}=21\underline{7}$。

(2) $72.4\div3=24.\underline{13}=24.\underline{1}$。

(3) $\pi\times5.70=3.14\times5.10=16.041=16.0$。

(4) $\pi\times5.1=3.1\times5.1=15.81=15.8$(多一位)。

5. 指数、对数、三角函数运算结果的有效数字的确定

当参加运算数据的最末稍做改变时，看影响至结果的哪一位则哪一位为可疑位。

【例1-8】 $\sin 43°26'=0.687\,510\,098\,5$

所以，$\sin 43°26'=0.687\,5$；

$\sin 43°276'=0.687\,723\,051$

6. 尾数的舍入法则

“四舍六入五留双，逢五奇进偶舍”即尾数小于五则舍，大于五则入，等于五而保留的最后一位数是奇数，则舍5进1，若保留的最后一位是偶数，则舍5不进位，但5的下一位不是0时仍要进位。

【例 1-9】 将下列数保留三位小数:

(1) 2.143 46→2.143。

(2) 2.143 72→2.144。

(3) 2.143 50→2.144。

(4) 2.144 50→2.144。

(5) 2.144 51→2.145。

以上这些结论,在一般情况下是成立的,但也有例外,若我们了解有效数字的意义和可疑数字的取舍原则,是不难处理的。

1.4 实验结果的表示

实验的目的是为了得到某个结果,怎样用测量、记录的准确值来正确地表示这个数,又如何来评价这个结果的误差范围,这是我们要讨论的问题。

一、误差的估计

实验结果的准确度用实验误差的大小来衡量,所以每个实验的结果都应指出其误差范围,以表示实验的准确度。实验者不仅要能算出实验误差的大小,而且还要能判断这一误差大小是否在仪器的最大误差内。若在其内,则说明实验本身是合理的;若不在其内,则说明实验本身有错误,应予改进。

1. 误差的表示

(1) 单次直接测量的误差用仪器误差的表示,一般由教师给出,或由仪器生产厂家按国家标准提供。在应急的场合,也可简单取仪器最小刻度的一半作为估计值。如此处理后,我们认为测量结果的置信概率在95%以上,但准确地说,应该由仪器本身经过检定以后以一种规定的形式标出。例如:

游标卡尺　测量范围:0～200 mm
　　　　　分度值:0.02 mm
　　　　　仪器误差: $\Delta_{仪}=0.02$ mm

螺旋测微器　测量范围:0～50 mm
　　　　　　分度值:0.01 mm
　　　　　　仪器误差: $\Delta_{仪}=0.005$ mm

分析天平　最大称量:200 g
　　　　　感　　量:10 mg/格
　　　　　仪器误差: $\Delta_{仪}=\Delta_{砝码}+\Delta_{感}$

电表(mA)　量　　程: $X_m=500$ mA
　　　　　　精度级别: $a=0.5$ 级

仪器误差：$\Delta_{仪} = X_m \cdot a\% = 2.5\ \text{mA}$

上述单次测量的结果可表示为：$x = x_{测} \pm \Delta_{仪}$。

仪器误差 $\Delta_{仪}$ 一般均含有偶然误差和系统误差(已定和未定的)，其含意是正确使用仪器的情况下可能产生的最大误差。由于$\overline{\Delta x}$与 $\Delta_{仪}$ 代表的都是最大误差，因此，在对某一物理量进行多次测量时，若是测量值起伏很小，则

① 当 $\overline{\Delta x} < \Delta_{仪}$ 时，测量结果由$\overline{\Delta x} \pm \Delta_{仪}$ 表示。

② 当 $\overline{\Delta x} > \Delta_{仪}$ 时(即测量值起伏很大)，测量结果应由$\overline{x_{测}} \pm \overline{\Delta x}$ 表示。

(2) 设对某物理量测量 n 次的值分别为 $x_1, x_2, \cdots, x_n$，则测量结果的算数平均值 $\bar{x}$ 为

$$\bar{x} = \frac{x_1 + x_2 + \cdots + x_n}{n} = \frac{1}{n}\sum_{i=1}^{n} x_i \tag{1-4-1}$$

根据偶然误差的统计规律可知，算术平均值 $\bar{x}$ 应比任何一次测量结果更接近于真值。当不知道真值 x_0 的值时，一般可用算术平均值 $\bar{x}$ 作为真值 x_0 的最佳估计值，称之为近真值。此时，各次测量的值与算术平均值的差为各次测量的“绝对误差”，由(1-4-2)式得

$$\Delta x_i = x_i - \bar{x} \tag{1-4-2}$$

式中：Δx_i 为第 i 次测量的绝对误差。

各次测量的绝对误差可为正，也可为负，但计算时，为了使人对测量结果放心，应当取最坏的结果，所以只取其绝对值$|x_i - \bar{x}|$，而不考虑正、负号，并且误差中多余的数字不按四舍五入取舍，而是按向前进位的办法，这就是所谓取测量误差的“宁大勿小”原则。

各次测量的绝对误差的平均值称为平均绝对误差($\overline{\Delta x}$)，即

$$\overline{\Delta x} = \frac{1}{n}\sum_{i=1}^{n} |\overline{\Delta x_i}| \tag{1-4-3}$$

平均绝对误差只能反映测量结果偏离真值的平均误差程度，而不能反映相对于被测量值的准确程度。为了反映出这一点，我们用平均绝对误差与算术平均值的比来表示，这个比值叫作测量结果的相对误差，即

$$E = \frac{\overline{\Delta x}}{\bar{x}} \times 100\% \tag{1-4-4}$$

若已有真值(或公认值)x_0，则(1-4-2)和(1-4-4)式中的 $\bar{x}$ 就应改为 x_0 值。为了把测量结果的误差科学地表示出来，有以下两种方法：

① 用平均绝对误差表示，即测量值为

$$x = \bar{x} \pm \overline{\Delta x}(\text{单位}) \tag{1-4-5}$$

所以，测量的平均值与误差及单位是表示测量结果的三个要素。

② 用平均相对误差来表示，即(1-4-4)式。

【例 1-10】 用刻度尺测量一棒长度，其测量值分别为 $x_1=2.32$ cm、$x_2=2.34$ cm、$x_3=2.35$ cm、$x_4=2.33$ cm、$x_5=2.35$ cm，求棒长。

解 棒长为：$\bar{x}=\frac{x_1+\cdots+x_5}{5}=2.338$ cm，取 2.34 cm

且 $\Delta x_1=x_1-\bar{x}=0.02$ cm，$\Delta x_2=0.00$ cm，$\Delta x_3=0.01$ cm，$\Delta x_4=0.01$ cm，$\Delta x_5=0.01$ cm。

$$\therefore \overline{\Delta x}=\frac{\Delta x_1+\cdots+\Delta x_5}{5}=0.01\ \text{cm}$$

$$\therefore E=\frac{\overline{\Delta x}}{\bar{x}}\times 100\%=\frac{0.01}{2.34}\times 100\%=0.43\%\text{，取 }5\%\text{。}$$

最后，棒长为 $L=(\bar{x}\pm\overline{\Delta x})\text{cm}=(2.34\pm 0.01)\text{cm}$

用平均相对误差比用平均绝对误差能更明显地反映出测量结果的准确度。如用同一刻度值测量两棒的长度，其值分别为

$L_1=(206.43\pm 0.01)\text{cm}$； $L_2=(2.34\pm 0.01)\text{cm}$

虽然两者的绝对误差相同，但相对误差分别为

$$E_1=\frac{0.01}{206.43}\times 100\%=0.004\,8\%=0.005\%;$$

$$E_2=\frac{0.01}{2.43}\times 100\%=0.5\%\text{。}$$

不难看出，测第二根棒的准确度要比第一根棒的低两个数量级。

应当指出，根据有效数字的运算规则，测量值的绝对误差与相对误差都只能有一位有效数字，又根据误差估算应遵循“宁大勿小”的原则，此例中的相对误差应为 $E_1=0.005\%$，$E_2=0.5\%$。

由上面的讨论可以得出以下两个结论：第一，平均绝对误差与被测量值的大小无关，只由仪器的精确度和测量方法决定。如第二根棒若用精度更高的游标卡尺测得的长度为 $L_2=(2.342\pm 0.002)\text{cm}$，其平均绝对误差只有用前刻度尺测量的2/10。第二，平均相对误差与测量值的大小有关，用同一仪器和相同方法测量时，若测量值越大，则其相对误差越小。如第一棒的平均相对误差就比第二棒的小得多。因此，在要求准确度相同的条件下，当被测量值大时，可使用精度低一些的仪器，被测量值小时，则要求精度高的仪器。这是实验前选用仪器的重要原则。

二、间接测量结果的误差

间接测量的结果都要将直接测量的量代入某些公式而算出，由于直接测量有误差而必然使得间接测量也有误差，这称为**误差传播**。误差的传播根据第 1.3 节中的原则可得出以下计算规则。

1. 两量的和或差的绝对误差、相对误差

设某间接测量物理量 ϕ 等于直接测量物理量 A、B 之和，即 $\phi=A+B$，它们的绝对误差各为 $\Delta\phi$、ΔA、ΔB。则由式(1-4-2)有

$$\phi \pm \Delta\phi=(A \pm \Delta A)+(B \pm \Delta B)=(A+B) \pm(\Delta A+\Delta B) \qquad (1-4-6)$$

式(1-4-6)中根据误差“宁大勿小”的原则，ΔA 与 ΔB 取了相同符号，比较后得到 ϕ 的绝对误差为 $\Delta\phi=(\Delta A+\Delta B)$，相对误差为 $E_\phi=(\Delta\phi)/\phi=(\Delta A+\Delta B)/(A+B)$。

同理，对于 $\phi=A-B$，有 $\phi \pm \Delta\phi=(A \pm \Delta A)-(B \pm \Delta B)=(A-B) \pm(\Delta A+\Delta B)$，得绝对误差为 $\Delta\phi=(\Delta A+\Delta B)$，相对误差为 $E=(\Delta\phi)/\phi=(\Delta A+\Delta B)/(A-B)$。

由此，可将两量的和或差的误差归纳为

$$\phi=A \pm B, \quad \Delta\phi=(\Delta A+\Delta B) \qquad (1-4-7)$$

即两量的和或差的绝对误差都等于各分量的绝对误差之和。

其相对误差为

$$E=\Delta\phi/\phi=(\Delta A+\Delta B)/(A \pm B) \qquad (1-4-8)$$

(1-4-7)和(1-4-8)两式可推广到多个分量的和或差。

2. 两量乘积的绝对误差和相对误差

设 $\phi=A \cdot B$，则 $\phi \pm \Delta\phi=(A \pm \Delta A) \cdot(B \pm \Delta B)=A \cdot B \pm A \cdot \Delta B \pm B \cdot \Delta A \pm \Delta A \cdot \Delta B$。

略去高阶无穷小量$(\Delta A \cdot \Delta B)$，并依据误差“宁大勿小”的原则，其绝对误差为

$$\Delta\phi=A \cdot \Delta B+B \cdot \Delta A \qquad (1-4-9)$$

相对误差为

$$E_\phi=\frac{\Delta\phi}{\phi}=\frac{A \cdot \Delta B+B \cdot \Delta A}{A \cdot B}=\frac{\Delta A}{A}+\frac{\Delta B}{B}=E_A+E_B \qquad (1-4-10)$$

即两量乘积的相对误差等于两分量的相对误差之和。

若 A 是变量，而 $B=C$ 且为常数，则 $\Delta\phi=C\Delta A$，$E_\phi=\dfrac{\Delta A}{A}$。

3. 两量相除时的绝对误差和相对误差

设 $\phi=\dfrac{A}{B}$，则 $\phi \pm \Delta\phi=\dfrac{A \pm \Delta A}{B \pm \Delta B}$，分子和分母同乘 $B \mp \Delta B$ 得

$$\phi \pm \Delta\phi=\frac{(A \pm \Delta A)(B \mp \Delta B)}{B^2-\Delta B^2}=\frac{AB \pm B\Delta A \pm A\Delta B \pm \Delta A\Delta B}{B^2-\Delta B^2}$$

略去高阶无穷小量 $\Delta A\Delta B$、ΔB^2，得

绝对误差：

$$\Delta\phi=\frac{A \cdot \Delta B+B \cdot \Delta A}{B^2} \qquad (1-4-11)$$

相对误差：

$$E_{\phi}=\frac{\Delta\phi}{\phi}=\frac{\Delta A}{A}+\frac{\Delta B}{B}=E_{A}+E_{B} \tag{1-4-12}$$

即两量乘积或商的相对误差都等于两分量相对误差之和。

4. 幂函数的绝对误差和相对误差

① 当 $\phi=A^{n}$，其中 n 为整数，依(1-4-12)式得 ϕ 的相对误差：

$$E_{\phi}=\frac{\Delta A}{A}+\frac{\Delta A}{A}+\cdots+\frac{\Delta A}{A}=\sum_{i=1}^{n}\left(\frac{\Delta A}{A}\right)=n\,\frac{\Delta A}{A} \tag{1-4-13}$$

绝对误差：

$$\Delta\phi=\phi\cdot E_{\phi}=A^{n}\cdot n\,\frac{\Delta A}{A}=nA^{n-1}\cdot\Delta A \tag{1-4-14}$$

② 当 $\phi=\sqrt[n]{A}=A^{1/n}$ 时，则 $\phi\pm\Delta\phi=(A\pm\Delta A)^{1/n}$，将此式两边同乘以 n 次方后展开，且略去 $\Delta\phi$ 的高次项得

$$\phi^{n}\pm n\phi^{n-1}\cdot\Delta\phi=A\pm\Delta A$$

绝对误差：

$$\Delta\phi=\frac{1}{n}A^{\frac{1}{n}-1}\cdot\Delta A=\frac{1}{n}\sqrt[n]{A^{1-n}}\cdot\Delta A \tag{1-4-15}$$

相对误差：

$$E_{\phi}=\frac{\Delta\phi}{\phi}=\frac{1}{n}\,\frac{\Delta A}{A} \tag{1-4-16}$$

所以，幂函数的相对误差等于其底的相对误差的指数倍。

其实，用微分法计算误差(特别是对于复杂函数式)是最简便又可靠的。如求 $\phi=A\cdot B$ 的绝对误差 $\Delta\phi$ 就是求 ϕ 的全微分，依全微分公式得

$$\mathrm{d}\phi=A\,\mathrm{d}B+B\,\mathrm{d}A$$

式中：$\mathrm{d}A$ 和 $\mathrm{d}B$ 分别是 A 和 B 的绝对误差，ϕ 的相对误差：

$$E_{\phi}=\frac{\mathrm{d}\phi}{\phi}=\frac{\mathrm{d}A}{A}+\frac{\mathrm{d}B}{B}$$

对于一般函数 $\varphi=f(A,B)$ 求全微分，得

$$\mathrm{d}\varphi=\frac{\partial f}{\partial A}\mathrm{d}A+\frac{\partial f}{\partial B}\mathrm{d}B\xrightarrow{\text{误差取}}\Delta\varphi=\left|\frac{\partial f}{\partial A}\Delta A\right|+\left|\frac{\partial f}{\partial B}\Delta B\right| \tag{1-4-17}$$

有时取对数后再微分要简便得多，例如

$$\ln\varphi=\ln f(A,B)\rightarrow\mathrm{d}(\ln\varphi)=\mathrm{d}(\ln f(A,B))$$

即

$$\frac{d\varphi}{\varphi}=\frac{\partial \ln f}{\partial A}dA+\frac{\partial \ln f}{\partial B}dB$$

相对误差：

$$\frac{\Delta\varphi}{\varphi}=\left|\frac{\partial \ln f}{\partial A}dA\right|+\left|\frac{\partial \ln f}{\partial B}\Delta B\right| \tag{1-4-18}$$

根据基本公式求间接测量结果误差的传递合成的步骤可归纳为

(1) 对函数求全微分(或先取对数再求全微分)；

(2) 合并同一变量的系数；

(3) 将微分号变为误差号(注意各项均取绝对值,并用"+"号相连)。

现将按上述步骤求出的常用函数的算术合成式列于表1-4-1。

表1-4-1 常用函数的算术合成式

函数关系	绝对误差($\Delta\phi$)	相对误差(E)
$\phi=A+B$	$\Delta A+\Delta B$	$(\Delta A+\Delta B)/A+B$
$\phi=A-B$	$\Delta A-\Delta B$	$(\Delta A+\Delta B)/A-B$
$\phi=A\cdot B$	$A\cdot\Delta B+\Delta A\cdot B$	$\Delta A/A+\Delta B/B$
$\phi=nA$	$n\Delta A$	$\Delta A/A$
$\phi=A/B$	$(B\Delta A+A\Delta B)/B^2$	$\Delta A/A+\Delta B/B$
$\phi=A^n$	$nA^{n-1}\Delta A$	$n\cdot\Delta A/A$
$\phi=\sqrt[n]{A}$	$\frac{1}{n}A^{(1/n)-1}\Delta A$	$\frac{1}{n}(\Delta A/A)$
$\phi=\sin A$	$\lvert\cos A\rvert\cdot\Delta A$	$\cot A\cdot\Delta A$
$\phi=\tan A$	$\frac{\Delta A}{\lvert\cos A\rvert}$	$\frac{\Delta A}{\sin A}$
$\phi=\ln A$	$\frac{\Delta A}{A}$	$\frac{\Delta A}{A\ln A}$

【例1-11】 用尺测得某圆柱体的直径 $D=(5.00\pm0.01)$cm，高 $h=(10.00\pm0.01)$cm。求:(1) 此量具的精度是多少？其最大的误差是多少？这量具是什么？(2) 该圆柱体体积的相对误差和绝对误差是多少？其体积多少？(3) 在体积的误差中测量直径的误差与测量高度的误差哪个是主要的？(4) 若要使体积的相对误差小于0.1%，D 和 h 各要用什么量具来测量？

解 (1) 此量具的精度是0.1 cm。若是能连续读数的长度尺,则其最大误差是最小刻度的一半(即0.05 cm)；若是不能连续读数的数字长度计,则其最大误差是分度值(即0.1 cm)；此测量值是最小刻度为毫米的刻度尺。

(2) 因 $V=\frac{\pi}{4}D^2\cdot h$，所以由(1-4-16)式得

$$E_V=\frac{2\Delta D}{D}+\frac{\Delta h}{h}=\frac{2\times0.01}{5.00}+\frac{0.01}{10.00}=0.004+0.001=0.5\%。$$

绝对误差：$dV=\frac{\pi}{4}(D^2dh+hdD^2)=\frac{\pi}{4}(p^2dh+2phD)$

$$=\frac{\pi}{4}(5.00^2\times0.01+2\times5.00\times10.00\times0.01)$$

$$=0.981\ \text{cm}^3=1\ \text{cm}^3$$（绝对误差只能取一位）。

或者因为 $E_V=\frac{\Delta V}{V}$，所以

$\Delta V=E_V\cdot V=\frac{0.5}{100}\times\frac{\pi}{4}\times5.00^2\times10.00=\frac{0.5}{100}\times196=0.981\ \text{cm}^3=1\ \text{cm}^3$。

故其体积：$V=\frac{\pi}{4}D^2h\pm\Delta v=(196\pm1)\text{cm}^3$。

(3) 由 $E_V=\frac{2\Delta D}{D}+\frac{\Delta h}{h}=\frac{2\times0.01}{5.00}+\frac{0.01}{10.00}$ 可知，$\frac{2\Delta D}{D}>\frac{\Delta h}{h}$，所以测 D 的误差是主要的。

(4) 由 $E=\frac{2\Delta D}{D}+\frac{\Delta h}{h}=\frac{2X}{5.00}+\frac{X}{10.00}=0.1\%$。

若 $X=0.002$ cm，则要用精度为 0.002 cm$\left(\frac{1}{50}\text{毫米}\right)$的游标尺才行；

若用螺旋测微器测量直径 D，并要求体积的相对误差仍为 0.1%，则需要判断测量 h 的量具的精度。因螺旋测微器是可连续的量具，则依 $E=\frac{2\Delta D}{D}+\frac{\Delta h}{h}=\frac{2\times0.001/2}{5.00}+\frac{\Delta h}{10.00}=0.1\%$ 得到 $\Delta h=0.008$ cm。因此，只有用 0.005 cm$\left(\frac{1}{20}\text{毫米}\right)$的游标尺测量 h 才行。

【例 1-12】 当用单摆测岳阳地区的重力加速度 g 时，用刻度尺测得摆长 $L=(35.00\pm0.01)$cm，用停表测量 $50T=(59.35\pm0.05)$s 试估计 g 的误差。

解 由 $T=2\pi\sqrt{\frac{L}{g}}$，推出 $g=\frac{4\pi^2}{T^2}L$，取对数得

$\ln g=\ln4\pi^2+\ln L-2\ln T$

求微分得

$$d\ln g=d(\ln4\pi^2)+d(\ln L)-2d(\ln T)$$

$$\frac{dg}{g}=\frac{dL}{L}-\frac{2dT}{T}\text{（宁大勿小）}$$

相对误差 $\frac{\Delta g}{g}=\left|\frac{\Delta L}{L}\right|+2\left|\frac{\Delta T}{T}\right|=\left|\frac{0.01}{35.00}\right|+2\left|\frac{0.05}{59.35}\right|=0.000\ 29+0.001\ 68=0.2\%$。

经运算得

$$g_{\text{岳阳}}=\frac{4\times 3.14^2\times 35.00}{\left(\frac{59.35}{50}\right)^2}=980.7\ \text{cm/s}^2,$$

$$\Delta g=g\times 0.2\%=2\ \text{cm/s}^2,$$

所以 $g_{\text{岳阳}}=(981\pm 2)\ \text{cm/s}^2$

若测10个周期的误差也是0.05 s,即 $10T=(11.90\pm 0.05)\text{s}$,则

相对误差 $\frac{\Delta g}{g}=\frac{0.01}{35.00}+2\times\frac{0.05}{11.9}=0.000\,29+0.008\,4=0.9\%$。

即增大了三倍多,此时,$\Delta g=976\times 0.9\%=9\ \text{cm/s}^2$

所以,$g=(976\pm 9)\text{cm/s}^2$。

上述我们介绍的是误差的传递(合成),它在误差分析、实验设计做粗略的计算时是常用的。

三、标准偏差

1. 标准偏差(s)和算术平均值的标准偏差 $s(\bar{x})$ 的定义(直接测量)

标准偏差又称均方根偏差,它能较为精确地估算出偶然误差和测量数列的离散程度。

设对某一物理进行 n 次等精度测量,得测量值分别为 x_1、x_2、…、x_n,其算术平均值为 $\bar{x}$,真值为 x_0,于是定义

$$s(x)=\sqrt{\frac{1}{n}\sum_{i=1}^{n}(x_i-x_0)^2} \tag{1-4-19}$$

s 通常称为标准偏差或均方根偏差。当测量次数有限时,平均值 $\bar{x}$ 和真值 x_0 有较大区别,其差值为 $\bar{x}-x_0=\frac{1}{n}\sum_{i=1}^{n}\Delta x_i$。将 $\bar{x}$ 代入(1-4-19)式得

$$s(x)=\sqrt{\frac{\sum_{i=1}^{n}(x_i-\bar{x})^2}{n-1}} \tag{1-4-20}$$

式中,$s(x)$ 为测量列中某一次测量 x_i 的标准偏差,其物理意义是表示该测量列的离散程度,即该测量值落在真值附近的范围,其数值又称为测量精密度。

由标准差求和公式可以推证

$$s(\bar{x})=\frac{s(x)}{\sqrt{n}}=\sqrt{\frac{\sum_{i=1}^{n}(x_i-\bar{x})^2}{n(n-1)}} \tag{1-4-21}$$

式中，$s(\bar{x})$为测量列的平均值 $\bar{x}$ 的标准偏差，其意义是表示该测量列的平均值落在真值附近的范围。很明显，测量平均值是最接近其真值的。前面已指出，多次测量平均值非常接近真值，且随着测量次数 n 的增加而接近。很显然，当增加测量次数 n 时，$s(\bar{x})$会愈来愈小，按$\frac{1}{\sqrt{n}}$的规律变化。综上所述，测量结果可表示为

$$x = x_{测} \pm s(x) \quad (单次测量)$$

或

$$x = \bar{x}_{测} \pm s(\bar{x}) \quad (多次测量)$$

相对误差：

$$E = \frac{s(\bar{x})}{\bar{x}} \times 100\% \tag{1-4-22}$$

【例 1-13】 对某一物体的长度进行 10 次测量，测得数据如表 1-4-2 所示。

表 1-4-2 测量数据记录及计算表

次 数	1	2	3	4	5	6	7	8	9
x_i/cm	63.57	63.58	63.55	63.56	63.56	63.59	63.55	63.54	63.57
$\bar{x}$/cm	63.564	$\left(\frac{1}{10}\sum_{i=1}^{10}x_i = \frac{1}{10}(63.57+63.58+\cdots+63.57)\right)$							
$\Delta x_i/10^{-3}$ cm	6	16	14	4	4	26	14	24	6
$\Delta {x_i}^2/10^{-6}$ cm^2	36	256	196	16	16	676	196	576	36

算术平均误差：$\overline{\Delta x} = \frac{1}{n}\sum_{i=1}^{n}\Delta x_i$，代入数据得

$$\overline{\Delta x} = \frac{1}{10} \times (6+16+14+4+4+26+14+24+6+6) \times 10^{-3} = 0.012 \text{ cm}$$

结果表示 $x = \bar{x} \pm \overline{\Delta x} = (63.564 \pm 0.012)$cm。

标准偏差：$s(x) = \sqrt{\frac{\sum_{i=1}^{n}(\Delta x_i)^2}{n-1}}$，代入数据得

$$s(x) = \sqrt{\frac{(36+256+196+16+16+676+196+576+36+36) \times 10^{-6}}{10-1}}$$

$$= \sqrt{\frac{2\,040 \times 10^{-6}}{9}} = \pm 0.015 \text{ cm}$$

由于测量多次，故取平均值的标准偏差 $s(\bar{x}) = \frac{s(x)}{\sqrt{n}} = \frac{0.015}{\sqrt{10}} = \pm 0.005$ cm。

结果表示为 $x = \bar{x} \pm s(\bar{x}) = (63.564 \pm 0.005)$cm。

2. 间接测量的标准偏差

间接测量 $\varphi_{测}$ 与直接测得量 A、B、C…之间存在的函数关系为 $\varphi_{测}=f(A,B,C,\cdots)$。设直接测得量为 $A\pm s(A)$,$B\pm s(B)$,$C\pm s(C)$,…这些量都独立无关,由误差理论可以证明标准偏差为

$$s(\varphi)=\sqrt{\left(\frac{\partial f}{\partial A}\right)^2 s^2(A)+\left(\frac{\partial f}{\partial B}\right)^2 s^2(B)+\left(\frac{\partial f}{\partial C}\right)^2 s^2(C)+\cdots} \quad (1-4-23)$$

式中,$s(A)$、$s(B)$、$s(C)$…分别表示直接测量的标准偏差,(1-4-23)式更能反映各直接测量值误差对间接测量值误差的贡献,按上述方法将求出的常用函数的标准偏差传递公式列于表1-4-3。

表1-4-3 常用函数的标准偏差传递公式

函数关系式 $\varphi=f(A、B、C\cdots)$	标准偏差传递公式 $s(\varphi)$差
$A+B$	$\sqrt{s^2(A)+s^2(B)}$
$A-B$	$\sqrt{s^2(A)-s^2(B)}$
$A\cdot B$	$\bar{\varphi}\cdot\sqrt{[s(A)/\bar{A}]^2+[s(B)/\bar{B}]^2}$
$\dfrac{A}{B}$	$\bar{\varphi}\cdot\sqrt{[s(A)/\bar{A}]^2-[s(B)/\bar{B}]^2}$
$\sqrt[n]{A}$	$\bar{\varphi}\cdot\dfrac{1}{n}\left[\dfrac{s(A)}{\bar{A}}\right]$
$n\cdot A$	$ns(A),\bar{\varphi}\cdot\dfrac{s(\varphi)}{\bar{A}}$
$\sin A$	$\lvert\cos\bar{A}\rvert\times s(A)$
$\ln A$	$s(A)/\bar{A}$
$A^k\cdot B^m\cdot C^n$	$\bar{\varphi}\cdot\sqrt{K^2\left[\dfrac{s(A)}{\bar{A}}\right]^2+m^2\left[\dfrac{s(B)}{\bar{B}}\right]^2+n^2\left[\dfrac{s(C)}{\bar{C}}\right]^2}$

【例1-14】 用单摆测定重力加速度 g,计算其标准偏差 $s(g)$。

解 其传递公式为 $g=\dfrac{4\pi^2 l}{T^2}$ (摆角 θ 很小),

直接测量值 $T=T\pm s(T)=(2.000\pm0.002)\text{s}$,

$l=l\pm s(l)=(100.0\pm0.1)\text{cm}$。

则有

$$S^2(g)=\left(\frac{\partial g}{\partial T}\right)^2 s^2(T)+\left(\frac{\partial g}{\partial l}\right)^2 s^2(l)$$

又因为 $\dfrac{\partial g}{\partial T}=-\dfrac{8\pi^2 l}{T^3}$，$\dfrac{\partial g}{\partial l}=\dfrac{4\pi^2}{T^2}$，

所以 $s^2(g)=\dfrac{64\pi^4 l^2}{T^6}s^2(T)+\dfrac{16\pi^4}{T^4}s^2(l)=\dfrac{16\pi^4}{T^4}\left(\dfrac{4l^2}{T^2}\cdot s^2(T)+s^2(l)\right)$

$s(g)=\dfrac{4\pi^2}{T^2}\sqrt{\dfrac{4l^2}{T^2}s^2(T)+s^2(l)}$

代入数据得 $s(g)=\dfrac{4\times 3.142^2}{2.000^2}\sqrt{\dfrac{4\times 100.0^2}{2.000^2}\times 0.002^2+0.1^2}=2.2\ \text{cm}\cdot\text{s}^{-2}$。

而 $g=\dfrac{4\pi^2 l}{T^2}=\dfrac{4\times 3.142^2\times 100.0}{2.000^2}=987.2\ \text{cm}\cdot\text{s}^{-2}$，

所以结果表示为 $g\pm s(g)=(987.2\pm 2.2)\text{cm}\cdot\text{s}^{-2}$，或

$g\pm s(g)=(987\pm 2)\text{cm}\cdot\text{s}^{-2}$。

1.5 处理实验数据的常用方法

实验的目的是把大量的实验资料和数据进行必要的整理、归纳而上升为理论，以求达到认识事物内在的规律性。

实验数据处理是一个“支粗取精，去伪存真，由此及彼，由表及里”，使感性认识跃进为理性认识的过程，这项工作常常比实验过程本身要繁重，但又是任何实验都不可缺少的，认真对待此项工作对于培养我们分析问题的能力很有好处。

实验数据及其处理方法是分析和讨论实验结果的依据。有关物理量之间的关系一般用图表和函数表示。常用的处理方法有列表法、图示法、最小二乘法（直线拟合）和逐差法等。

一、列表法

在记录和处理数据时，要将数据列成表。数据列表可以简单明确地表示出有关物理量之间的对应关系，使数据有条不紊，一目了然，便于随时检查，减少和避免错误，及时发现和分析问题，有助于从中找出规律性的联系，求出经验公式。列表的要求及注意事项：

(1) 要简单明了，便于看出各物理量之间的关系，实验时要根据具体情况决定需要列出哪些项目。

(2) 要写明表中各符号代表的物理量的意义，并注明单位。单位写在标题栏中，不要重复记在各个数据上。

(3) 表中所列数字，要正确反映测量结果的有效数字。

(4) 必要时给予附加说明。

例如用单摆法测 $g=\dfrac{4\pi^2 L}{T^2}$ 时的数据为

<table>
<tr><td>L/cm</td><td>35.00</td><td>35.01</td><td>35.01</td><td>24.99</td><td>35.00</td><td rowspan="2">平均</td><td>35.00±0.01</td></tr>
<tr><td>50T/s</td><td>59.45</td><td>59.50</td><td>59.46</td><td>59.48</td><td>59.50</td><td>59.48±0.02</td></tr>
<tr><td colspan="2">$\Delta g/g$</td><td colspan="2">$\Delta g/\mathrm{cm}\cdot\mathrm{s}^{-2}$</td><td colspan="4">$g/\mathrm{cm}\cdot\mathrm{s}^{-2}$</td></tr>
<tr><td colspan="2">0.1%</td><td colspan="2">1</td><td colspan="4">976±1</td></tr>
</table>

表的形式一般来说有三种:定性式(实验记录表格)、函数式(按函数关系列出函数表)、统计式(列出统计表,函数关系形式未知的)。一般将实验数据按自变量和因变量各个对应,依照增加或减少的顺序一一列出来,其中包括序号、名称、项目、数据和说明等。其分度要合理、均匀、方便查阅。

二、图示法

把测量值之间的函数关系绘成相应的曲线,即用直角坐标系法把两个被测量所组成的函数方程看成平面上一些点的轨迹,由此所获得的曲线称实验曲线,这种方法称图示法。

它形式简明直观,便于比较,易显示数据的最高点、最低点、转折点、周期性。在一些复杂情况下,还无法确定物理量之间的适当的函数关系时,只能用实验曲线来表示实验结果。图示法的规律和步骤如下:

(1) 选用坐标纸的类别和大小。按实验参量要求选用毫米方格纸(直线坐标纸)或双对数坐标纸。根据实验数据的有效数字和数值范围确定坐标纸的大小。原则上坐标的一个小格代表可疑数字前位的一位数。

(2) 定坐标和坐标标度。一般横轴代表自变量,纵轴代表因变量。标出坐标轴代表的物理量和单位,在坐标轴上按选定的比例标出若干等距离的、整齐的数值标度,其数值位数应与实验数据的有效数字位数一致。横轴和纵轴的标度可以不同,如数据特别大或特别小,可以提出乘和因子(如$\times 10^{3}$ 或 10^{-2})写在坐标轴末端上。

(3) 标出实验点和画出图线。依据实验数据用铅笔在坐标图上以小"+"标出各数据点的坐标,然后用直尺和曲线板将实验点连成直线或光滑曲线。连线时应使多数实验点在连线上,不在连线上的实验点大致均匀分布在图线的两侧。如校准曲线,则要通过校正点连成折线。若要同时画上几条曲线时,每条曲线可以采用不同的标记如"×""■""○"等,使之区别开来。

(4) 写出图线名称。一般在图纸下部位置上写出简洁完整的图名,注明作者及日期,字形要端正。最后,将图纸粘贴在实验报告上。

三、最小二乘法

用图示法处理数据时,往往不如用函数表示来的明确,特别是根据图线定常数时,常会出现较大的误差,而且在同一数据下作图不同时往往得到不同的结果。所以希望从实验数据求出经验方程的回归问题,这里仅讨论一元线性回归。

方程的回归问题先要确定函数的形式,而函数形式一般是根据理论的推断或从实验

数据的变化趋势推测出来。如函数关系为线性时，可将方程表示为

$$y=ax+b \tag{1-5-1}$$

如果函数关系为指数时可表示为

$$y=a\mathrm{e}^{bx} \tag{1-5-2}$$

若函数关系难以确定时，常用多项式表示为

$$y=a_0+a_1x+a_2x^2+\cdots+a_nx^n \tag{1-5-3}$$

下面就线性函数(1-5-1)式用最小二乘法原理进行讨论。

在某一实验中，设可控制的物理量取 $x_1,x_2,\cdots,x_n$，与之对应的物理量为 $y_1,y_2,\cdots,y_n$。为简便，假定 x_i 的测量误差很小，误差主要出现在 y_i 上。显然从(x_i,y_i)中任取两组数据就可以得出一条直线，但这条直线可能有较大的误差，如何用分析的方法从这条测量数据中得到一个最佳的经验公式 $y=a+bx$，就是直线拟合的任务。对于一个 x_i，测量值 y_i 与最佳经验公式 y 值之间存在一偏差 δ_y。其中，$\delta_y=y_i-y=y_i-(a+bx)\quad(i=1,2,\cdots,n)$。

最小二乘法的原理：如各测量值的误差互相独立且服从同一正态分布。当 δ_y 的偏差的平方和为最小时，将得到最佳经验公式。用此原理可求出(1-5-1)式中的常数 a，b，用 s 表示 δ_{y_i} 的平方和。

$$s=\sum_{i=1}^{n}(\delta_{y_i})^2=\sum_{i=1}^{n}[y_i-(a+bx)]^2 \tag{1-5-4}$$

为求(1-5-4)式的极小值，分别对 a，b 求偏微分，并令其为零，则

$$\begin{cases}\dfrac{\partial s}{\partial a}=-2\displaystyle\sum_{i=1}^{n}(y_i-a-bx_i)=0\\[2ex]\dfrac{\partial s}{\partial b}=-2\displaystyle\sum_{i=1}^{n}(y_i-a-bx_i)x_i=0\end{cases} \tag{1-5-5}$$

以 $\bar{x}$，$\bar{y}$，$\overline{xy}$，$\overline{x^2}$分别表示各量的算数平均值，如$\overline{xy}=\dfrac{1}{n}\sum_{i=1}^{n}x_iy_i$，整理后可得

$$\begin{cases}\bar{x}b+a=\bar{y}\\ \overline{x^2}b+\bar{x}a=\overline{xy}\end{cases} \tag{1-5-6}$$

式中：$\bar{x}=\dfrac{1}{n}\sum_{i=1}^{n}x_i$；$\bar{y}=\dfrac{1}{n}\sum_{i=1}^{n}y_i$；$\overline{x^2}=\dfrac{1}{n}\sum_{i=1}^{n}x_i^2$；$\overline{xy}=\dfrac{1}{n}\sum_{i=1}^{n}x_iy_i$；联合求解 a 和 b 得

$$\begin{cases}a=\bar{y}-b\bar{x}\\[1ex] b=\dfrac{\bar{x}\cdot\bar{y}-\overline{xy}}{(\bar{x})^2-\overline{x^2}}\end{cases} \tag{1-5-7}$$

将得出的 a，b 代入(1-5-1)式便得到了最佳的经验公式 $y=a+bx$。

由(1-5-7)式求直线方程的具体计算,通常是列表进行的,举例如下。

【例1-15】 设有一组测量数据如表1-5-1,求其最佳直线的表达式。

表1-5-1 数据表

编号 i	x_i	y_i	x_i^2	$x_i y_i$
1	15.0	39.4	225	591
2	25.8	42.9	666	1 106
3	30.0	41.0	900	1 230
4	36.6	43.1	1 340	1 577
5	44.4	49.2	1 971	2 184
$\sum$	151.8	215.6	5 102	6 690

解 由表1-5-1可得

平均值: $\bar{x}=30.36$, $\bar{y}=43.12$, $\overline{xy}=1\,338$, $\overline{x^2}=1\,020$

代入(1-5-7)式可得 $\begin{cases} a=34.1 \\ b=0.297 \end{cases}$

则所求的最佳直线表达式为 $y=34.1+0.297x$。

上面介绍的直线拟合法在科学实验中应用很广,对一些指数函数关系通过取对数变换后,也可化成直线形式的函数,这样也可以用直线拟合法进行处理。用(1-5-7)式得到的 a,b 值是最佳值,但并不是没有误差。直线拟合中的误差估计较为复杂,这里不做介绍。一般地说,一列测量值的 δ_{y_i} 大(即实验点对直线偏离大),那么由这列测量值计算的 a,b 值误差就大,反之亦然。

下面讨论实验数据的直线拟合中相关系数的问题,一元线性回归的相关系数定义为

$$r=\frac{\overline{xy}-\bar{x}\cdot\bar{y}}{\sqrt{[\overline{x^2}-(\bar{x})^2][\overline{y^2}-(\bar{y})^2]}} \tag{1-5-8}$$

可以证明:$-1\leqslant r\leqslant 1$,当 x 和 y 完全不相关时,$r=0$;当 x_i,y_i 全部都在回归直线上时,$|r|=1$。$|r|$ 值越接近1,说明实验数据越集中在回归线附近,此时用线性回归处理实验数据比较合理。反之,若值 $|r|$ 远小于1,说明实验数据对求得的直线很分散,这时用线性回归就不合理,必须采用其他函数进行相关性检验,一般当 $|r|\geqslant 0.9$ 就认为两个物理量相关性良好。有些计算器有直接计算 a 和 b 的功能,用起来比较方便。

四、逐差法

在实际使用中常遇到自变量等间距的多次测量,如果按平均值计算会使中间量值彼此抵消,从而失去多次测量的意义。例如,在光杠杆法中,若多次增加的质量为1 kg,连续增加7次,则可读出8个标尺读数,它们分别为 n_0,n_1,n_2,n_3,n_4,n_5,n_6,n_7,其相关的差值是 $\Delta n_1=n_1-n_0$,$\Delta n_2=n_2-n_1$,…,$\Delta n_7=n_7-n_6$。根据平均值的定义

$$\overline{\Delta n}=\frac{(n_1-n_0)+(n_2-n_1)+\cdots+(n_7-n_6)}{7}=\frac{n_7-n_0}{7}$$

即中间值全部被抵消,只有始末两次测量值起作用,与增重 7 kg 的单次测量等价。

为了保持多次测量的优越性,只要在数据处理防范上做一些变化即可。通常可把数据分成两组:一组是 n_0, n_1, n_2, n_3;另一组是 n_4, n_5, n_6, n_7;取相应项的差值 $\Delta n_1=n_4-n_0$,$\Delta n_2=n_5-n_1$,$\Delta n_3=n_6-n_2$,$\Delta n_4=n_7-n_3$,则平均值为

$$\overline{\Delta n}=\frac{\Delta n_1+\Delta n_2+\Delta n_3+\Delta n_4}{4}=\frac{(n_4-n_0)+(n_5-n_1)+(n_6-n_2)+(n_7-n_3)}{4} \tag{1-5-9}$$

这种方法称为逐差法,注意$\overline{\Delta n}$是增重 4 kg 的平均值。逐差法计算简便,特别是在检查数据时,可随测随检,及时发现差错和数据规律,更重要的是可充分利用已测到的所有数据,并且有对数据取平均值的效果。还可以经过一些具有特定的值的未知量,求出所需要的结果。最终可减小系统误差和扩大测量范围。

1.6 常用电学仪器的系统误差

在电学实验中,我们更多的是进行单次测量。在多档的和连续刻度的电式测量仪表(如电流表、电压表)中常采用指示仪表的引用误差(又称额定相对误差)作为测量误差,在使用其他电学实验仪器时,也多采用仪器的系统误差作为测量值的误差,下面将分别介绍。

1. 指示仪表的系统误差估计

定义

$$\text{引用误差}=\frac{\text{最大绝对误差}}{\text{满刻度值}}\times 100\% \tag{1-6-1}$$

其电表的误差一般在出厂时,已在标牌上以准确度的级别标出。指针式电表的准确度等级分为七个级别,一般用 K 表示:

$$K=0.1, 0.2, 0.5, 1.0, 1.5, 2.5, 5.0$$

其意义是

$$\text{引用误差}=K\% \tag{1-6-2}$$

测量值的误差为

$$\text{绝对误差}=\text{引用误差}\times\text{满刻度值} \tag{1-6-3}$$

$$\text{相对误差}=\text{引用误差}\times\frac{\text{满刻度值}}{\text{测量值}} \tag{1-6-4}$$

【例1-16】 有一毫安表级别为0.1级，实验测量指针读数为7.40 mA，毫安表量程为100 mA，求测量的绝对误差。

解 $\delta = K\% \times$ 满刻度值 $= 0.1\% \times 100.0 = 0.1$ mA，

结果：$I = (7.4 \pm 0.1)$ mA

由上可知，根据指针读数其精度可到0.01 mA，但是级别只准确到0.1 mA。

【例1-17】 有一安培计级别为1.5级，满刻度值为50 A，假定测量值分别为20 A和40 A，求其相对误差。若测量值为20 A，则有相对误差：

$$E = K\% \times \frac{\text{满刻度值}}{\text{测量值}} = 1.5\% \times \frac{50}{20} = 3.75\%。$$

若测量值为40 A，则有相对误差：

$$E = 1.5\% \times \frac{50}{40} = 1.9\%。$$

由上可见，被测量值较仪表的满刻度越接近，其相对误差越小，一般应使被测值在仪表满刻度的一半以上。

【例1-18】 设待测电压约为90 V，现有0.5级0～300 V和1.0级0～100 V的两个电压表，问哪个电压表测量较好？

解 (1)用0.5级电压表，则有

$$E_1 = 0.5\% \times \frac{300}{100} = 1.5\%。$$

(2) 用1.0级电压表，则有

$$E_2 = 1.0\% \times \frac{100}{100} = 1.0\%。$$

所以，选用1.0级0～100 V的电压表较好。

可见，仪表的准确度虽然下降了，但测量结果的最大相对误差反而减小了，所以片面追求仪表的准确度等级，而忽视对仪表量程的合理选择，就无法保证被测结果的准确性。

以上介绍的引用误差属于仪表的基本误差，它是由于结构和工艺上的不完善所产生的。因此，基本误差是仪表本身固有的误差，是不可能完全消除的，但若使用仪表时偏离规定基本误差的工作条量，还会产生附加误差，因此，为避免附加误差，应将仪表在规定的工作条件下进行测试。

不同类型的电工仪表，具有不同的技术特征。为了便于选择和使用仪表，通常把这些不同的技术特性采用不同的符号标志(表1-6-1至表1-6-4)，标明在仪表的标度或面板上。

表 1-6-1　准确等级的符号

名称	符号	名称	符号	名称	符号
以标度尺量限百分数表示的准确度等级，例如 1.5 级	1.5	以标度尺长度百分数表示的准确等级，例如 1.5 级	1.5 V	以指标值百分数表示的准确度等级，例如 1.5 级	1.5

表 1-6-2　电流种类的符号

名称	符号	名称	名称	符号	名称
直流	—	交流(单相)	～	直流和交流	$\underline{\sim}$

表 1-6-3　工作位置的符号

名称	符号	名称	名称	符号	名称
标度尺位置为垂直的	⊥	标度尺位置为水平的	⊓	标度尺位置与水平面倾斜成角度，例 60°	∠60°

表 1-6-4　端钮、调零器的符号

名称	符号	名称	符号	名称	符号
负端钮	−	公共端钮	*	与外壳相连接的端钮	⊥
正端钮	+	接地端钮	⏚	调零器	↔

电表使用中，还要注意表头读数，例如当表头刻度最大值为 100 mA，而使用 200 mA 档时，读数要将表头刻度数×2，而使用 50 mA 档时，要将表头刻度数×$\frac{1}{2}$。总之，无论使用哪一档，其表头最大刻度数就应是量程的数值，读数时就要注意乘上相应的倍数。

2. 电学测量仪器的系统误差估计

与指示仪表相比，较量仪器的准确度较高，它是用已知标准量与测量量相比较而获得测量结果。常用的有电桥、直流电位差计等。

(1) 电桥

电桥可分为直流电桥、交流电桥两大类。每一类又可细分，像直流电桥又可分为直流单电桥(惠斯电桥)、直流双电桥(开尔文电桥)等。直流电桥的准确度等级(用 K 表示)共分八级，即 0.01，0.02，0.05，0.1，0.2，0.5，1.0，2.0，它表示电桥在规定工作电压及基本量限范畴内，测量值相对误差不会超过 $\pm K\%$。但要注意，测量范围不同，准确度等级可能不同，这在仪器铭牌上都有注明。例如，如果某一类型的 0.2 级的直流单电桥，测量范围为 $1\sim10^6\ \Omega$，但它只是 $100\sim99\ 990\ \Omega$ 的基本量限范围内测量值的相对误差才不超过 $\pm0.2\%$。如果测得一电阻为 976.2 Ω，那么其绝对误差(系统误差)通常按下式计算：

$$\delta_R=\pm0.2\%\cdot\text{测量值},$$

那么

$$\delta_R=\pm0.2\%\times976.2=2.0\ \Omega,$$

结果

$$R=(976\pm2)\Omega。$$

(2) 直流电位差计

直流电位差计是测量直流电势(电压)的仪器。也可用它间接测量电阻、电流、功率等物理量,它稳定可靠,测量结果具有很高的精度,所以在电测与非电测量中,占有极重要的地位,在生产和科研中被广泛应用。

按使用条件分为实验室型和携带型两类。前一类的准确度共有9档:0.000 1,0.000 2,0.000 5,0.001,0.002,0.005,0.01,0.02,0.05;后一类的准确度分为4档:0.02,0.05,0.1,0.2。

关于电位差计的误差计算公式没有电桥那么简单,不同的仪器,其误差计算公式也不同,在仪器说明书中都有说明。

1.7 物理实验课程的基本程序

任何物理实验无论实验内容如何,也无论采用哪一种实验方法,物理实验课程的基本程序大都相同,一般可分为如下三个阶段。

一、实验前预习

由于实验课的时间有限,而熟悉仪器和测量数据的任务一般都比较重,不允许在实验课内才开始研究实验的原理。若不了解实验原理,实验时就不知道要研究什么问题,要测量哪些物理量,也不了解会出现什么现象。只是机械地按照教材所定的步骤进行操作,离开了教材就不知怎样动手,用这种呆板的方式做实验,虽然也得到了实验数据却不了解它们的物理意义,也不会根据所测数据去推求实验的最后结果。因此,为了在规定时间内,高质量地完成实验课的任务,我们应当做好实验前的预习及准备。

(1) 理论准备:从实验指导书和有关参考书籍中充分了解实验的理论依据和条件。

(2) 实验仪器的准备:确定实验所需用的仪器装置,了解这些仪器的工作原理、工作条件和操作规程及基本结构。

(3) 观测的准备:明确实验步骤和注意事项,设计记录表格,表格上标明文字符号所代表的物理量及其单位,并确定测量次数。

(4) 完成预习报告,实验前交老师检阅,获准通过,才能进行实验。

二、实验过程

1. 仪器的安装和调整

使用仪器进行测量时,必须满足仪器的正常工作条件(水平、铅直、工作电压、光照等),并按操作规程进行,这就要求正确安装和调整仪器。以下列出几点有关安装和调整中带共同有性的注意事项:

(1) 安装仪器时,应尽量做到安全、可靠,便于操作、观察和读数。

(2) 灵敏度高的仪器(如分析天平、灵敏电位计)都有制动器,不测量时,应使仪器处于制动状态。

(3) 游标尺、螺旋测微器、停表、温度计等小件仪器,在用完之后,要立即放入实验台上的仪器盒中。

(4) 拧动仪器上的旋钮和转动部件时,不能用力过猛。

(5) 注意仪器的零点,必要时需进行调零。

(6) 砝码、透镜、表面镀膜的反射镜等器件,为了保持测量精度和光洁度,请不要用手去摸,也不要随便用布擦。

(7) 使用电子仪器,要注意电源电压、极性并需经老师允许后方能接通电源。绝对不允许未经仔细审查就通电试试看。实验中实验仪器显示任何不正常,都要先切断电源。

(8) 对于容易发生爆炸事故的真空室、气源、水源、阀门等,需要经老师检查后才可扭动。

(9) 不要私自动用别组仪器,如果仪器不够用或出现问题,应请老师解决。

(10) 实验结束时,要将仪器调到最安全的状态,并使之归位(恢复到实验前的摆设状态)。

2. 实验现象的观测

在明确实验目的和测量内容、步骤,并能正确使用仪器后,可以进行正式的观测。观测时要集中精力,尽量排除外界的干扰(自己也要注意不影响别人)。

在两人或多人合作做一个实验时,既不要其中一人处于被动,也不要一个包办代替,应当既有分工又有协作,以便共同达到预期的实验目的。

普通物理实验一般是比较简单的,使用的仪器精密度也不一定很高,但如何获得这些仪器所能达到的最佳结果,必须要求实验者做出很大的努力。若认为实验简单而不重视,这首先不是应有的科学态度,也难以得出甚至得不到良好结果,还会给将来使用高级仪表造成损失。

当从各种仪器的刻度尺上读数时,一定要估读到最小分度的$\frac{1}{10}$。例如用一最小分度为 mm 的米尺测一长度时,读数为 28.63 cm,末位 3 是估计的但一定要读出,不能写为 28.6 cm。

3. 实验数据的记录

记录就是如实记下实验的时间、地点、实验者、室温、气压、仪器及其编号、简单过程、原始数据、有关现象、随时发生的问题。记录要整洁、清楚使自己和别人都易看懂。数据一定要记录在预先设制的表格中。各个数据之间,数据与图表之间不要太挤,应留有间隙,以供必要时补充和更正。如果觉得测量数据有错误,可在错误的数字上画一条整齐的直线;如果整段数据都测错了,则划一个与此段大小相适应的“×”号。在情况允许时,可以简单地说明为什么是错误的。错误记录的数据不要用黑圆点或黑方块涂掉。我们保留“错误”数据,不毁掉它,是因为“错误”数据有时经过比较后竟是对的。

总之，测量实验数据时要特别仔细，以保证读数准确，因为数据的优劣，往往决定了实验工作结果的成败。计算上的错误可在离开实验室后修正，但是未经重复测试时不允许修改实验数据。

三、数据的整理和撰写实验报告

(1) 实验过程中要随时整理数据，测量结束后要尽快整理好数据，计算出结果，并绘出必要的图线。数据整理工作应尽可能在实验课上完成，并应根据数据整理中的问题做必要的补充测量，一般应在计算出结果以后(或老师在数据表上签字后)再收拾仪器。

(2) 实验报告是实验工作的全面总结，要用简明的形式将实验结果完整而又真实地表达出来。写报告时，要求文字通顺，字迹端正，图表规矩美观，结果正确，讨论认真。要养成实验完成后尽早将实验报告写出来的习惯，因为这样做可以收到事半功倍的效果。

(3) 完整的实验报告，一般包括下列几个部分：实验名称、实验目的、原理摘要或计算公式、仪器设备及编号、主要操作方法和步骤(此项可省)、实验数据、计算或作图、误差分析、实验结果、回答问题及讨论。

(4) 实验的讨论对培养分析能力非常重要，应当努力去做。实验后可供讨论的问题是多方面的，以下几点供参考：

① 实验的原理方法，仪器给你留下什么印象？实验目的是否达到？

② 实验的系统误差表现在哪些地方？怎样改进测量方法或装置以减小误差？

③ 实验步骤怎样安排更好？

④ 观察到什么反常现象？遇到什么困难？能否提出可供以后实验时借鉴的建议。

⑤ 对测量结果是否满意？如果未达到应能达到的结果是何原因？

⑥ 对实验的安排(目的、要求、方法和仪器的配置等)以及老师的指导有何建议？

最后指出实验报告是一堂实验课的总结，也是全面反映实验者的态度、能力、实验优劣的依据，必须按时交指导老师审阅、评分。

思考与习题

1. 直接测量和间接测量的测量结果为什么都有误差？

2. 误差估算法则和有效数字运算规则有什么关系？

3. 算术平均误差表示和标准偏差有什么异同处？各有哪些优缺点？

4. 指出下列各量是几位有效数字：

(1) $L=0.000\,1$ cm； (2) $T=1.000\,1$ s；

(3) $E=2.7\times10^{25}$ J； (4) $g=980.123$ cm/s^2；

(5) $\lambda=3\,392.231\,40$ Å。

5. 按照误差理论和有效数字运算规则，改正以下错误：

(1) $N=(10.800\,0\pm0.2)$cm；

(2) 有人说 0.287 0 有五位有效数字，有人说只有三位(请纠正并说明其原因)；

(3) 有人说 8×10^{-5} g 比 8.0 g 测得准确(试说明原因);

(4) 28 cm=280 mm;

(5) $L=(28\,000\pm8\,000)$mm;

(6) $0.022\,\underline{1}\times0.022\,\underline{1}=0.000\,488\,4\underline{1}$;

(7) $\dfrac{40\underline{0}\times1\,50\underline{0}}{12.6\underline{0}-11.6\underline{0}}=60\,000$。

6. 根据有效数字运算规则,计算下列各式的结果:

(1) $98.75\underline{4}+1.\underline{3}$;

(2) $107.5\underline{0}-2.\underline{5}$;

(3) $11\underline{1}\times0.10\underline{0}$;

(4) $237.\underline{5}\div0.1\underline{0}$;

(5) $\dfrac{76.00\underline{0}}{40.0\underline{0}-2.\underline{0}}$;

(6) $\dfrac{50.0\underline{0}\times(1\,83\underline{0}-16.\underline{3})}{(10\underline{3}-3.\underline{0})(10\underline{0}-0.00\underline{1})}$。

7. 用一最小分度值为 0.02 mm 的游标卡尺,测一约为 2 mm 长度的物体,能读出几位有效数字?若用有毫米刻度的米尺去测量,有几位有效数字?

8. 用天平称一物体质量,共 5 次,分别为 5.612 g、5.613 g、5.616 g、5.618 g、5.615 g,用四个砝码分别为 5 g、0.5 g、0.1 g、0.01 g(砝码相应允差为±2 mg,±1 mg,±1 mg,±0.5 mg),求这些数据的平均值、标准误差及相对误差,并以测量结果的形式表达。

9. 用单摆测重力加速度,测得摆长 $L=(100.00\pm0.02)$cm,周期 $T=(2.00\pm0.01)$s,问 L 和 T 的误差中,哪个对结果的影响大?请计算 g 和 Δg 的数值。

10. 比较下列三个量的相对误差哪个大?计算该纸带的体积 $\bar{V}=L_1\cdot L_2\cdot L_3$ 和 $\Delta\bar{V}$。

$L_1=(54.98\pm0.02)$cm;$L_2=(2.498\pm0.002)$cm　$L_3=(0.009\,8\pm0.000\,2)$cm。

11. 一个铅圆柱体,测得其直径 $d=(2.04\pm0.01)$cm,高度 $h=(4.12\pm0.01)$cm,质量 $m=(49.18\pm0.05)$g,计算铅笔密度的绝对误差和相对误差。

12. 某圆管体积 $V=\dfrac{\pi}{4}L(D_1^2-D_2^2)$,测得管长 $L=10$ cm,$D_1=3$ cm,$D_2=2$ cm。问哪个量的测量误差对结果影响最大?并计算体积 $V\pm\Delta V$。

13. 由实验测得金属丝的长度 L 和相应的温度 T,结果如下:

T/℃	23.3	32.0	41.0	53.0	62.0	71.2	87.0	99.0	±0.5
L/mm	71.0	73.0	75.0	78.0	80.0	82.0	86.0	89.0	±0.5

试用图示法,根据方程 $L_T=L_0(1+aT)$,求 a,并计算误差 Δa 及 $s(a)$。

14. 计算以下结果及误差:

(1) $N=A+2B+C-5D$

$A=(38.206\pm0.001)$cm;

$B=(13.248\,7\pm0.000\,1)$cm;

$C=(161.25\pm0.01)$cm;

$D=(1.324\,2\pm0.000\,1)$cm。

(2) $N=4m/(\pi D^2H)$

$$m=(236.124\pm0.002)\text{g};$$
$$D=(2.345\pm0.005)\text{cm};$$
$$H=(8.21\pm0.01)\text{cm}。$$

15. 弹簧振子做垂直振动，已知振动周期 T 与振子质量 M、弹簧本身质量 m、弹性系数 k 的关系为 $T=2\pi\sqrt{\frac{M+m/3}{k}}$，实验测得数据如下表：

$M\times10^{-3}$/kg	191.0	239.5	228.0	336.5	385.0	433.5	±0.5
T/s	0.731	0.861	0.892	0.964	1.030	1.090	±0.5

用图示法求 k 和 m 值，并计算它们的误差。

16. 凹面镜成像公式为

$$\frac{1}{v}+\frac{1}{u}=\frac{2}{r}$$

式中：u 为物距；v 为像距；r 为凹面镜的曲率半径。

测得以下五组数据：

u/cm	22.8	27.9	33.7	38.0	52.0
v/cm	68.0	43.1	34.5	31.1	25.1

u 的测量误差与 v 比，可以忽略。用最小二乘法求凹面镜的曲率半径 r。

第 2 章　力学实验

2.1　碰撞实验

碰撞是指物体间发生的时间极短的相互作用过程。碰撞前后由碰撞物体组成的系统的总动量和总动能保持不变的碰撞称"**弹性碰撞**";碰撞时除物体间动量的传递外,还发生机械运动的转换,即一部分机械能转换成其他形式的能,这类碰撞称"**非弹性碰撞**";碰撞后碰撞体不再分离的碰撞称"**完全非弹性碰撞**"。

一、实验目的

1. 了解气垫导轨的组成及使用。
2. 验证动量守恒定律。
3. 了解非完全弹性碰撞与完全非弹性碰撞的特点。

二、实验仪器

气垫导轨,滑块,光电门,数字毫秒计,游标卡尺,尼龙粘胶带或橡皮泥。

三、实验原理

当两滑块在水平的导轨上沿直线做对心碰撞时,若略去滑块运动过程中受到的黏滞性阻力和空气阻力,则两滑块在水平方向除受到碰撞时彼此相互作用的内力外,不受其他外力作用。故根据动量守恒定律,两滑块的总动量在碰撞前后保持不变。

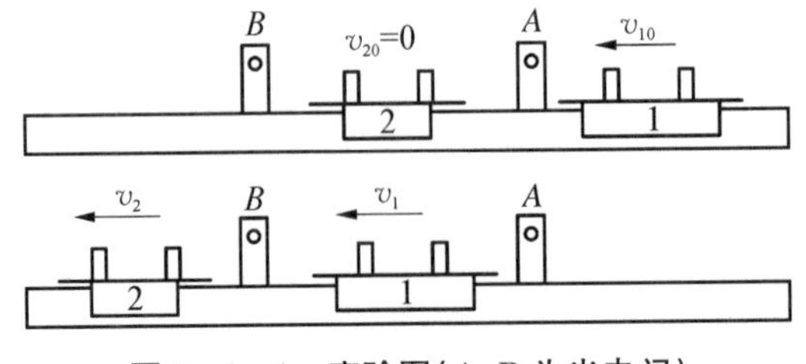

图 2-1-1　实验图(*A*、*B* 为光电门)

如图 2-1-1 所示,设滑块 1 和 2 的质量分别为 m_1 和 m_2,碰撞前两滑块的速度分别

为 v_{10} 和 v_{20}，碰撞后的速度分别为 v_1 和 v_2，则根据动量守恒定律有

$$m_1 \vec{v}_{10} + m_2 \vec{v}_{20} = m_1 \vec{v}_1 + m_2 \vec{v}_2 \tag{2-1-1}$$

若写成标量形式，即

$$m_1 v_{10} + m_2 v_{20} = m_1 v_1 + m_2 v_2 \tag{2-1-2}$$

(2-1-2)式中各速度均为代数值，各 v 值的正负号取决于速度的方向与所选取的坐标轴方向是否一致，这一点要特别注意。

牛顿曾提出**"弹性恢复系数"**的概念，其定义为碰撞后的相对速度与碰撞前的相对速度的比值。一般称为恢复系数，用 e 表示，即

$$e = \frac{v_2 - v_1}{v_{10} - v_{20}} \tag{2-1-3}$$

当 $e=1$ 时为完全弹性碰撞，$e=0$ 为完全非弹性碰撞，一般 $0<e<1$ 为非完全弹性碰撞。气轨滑块上的碰撞簧是钢制的，e 值在 $0.95 \sim 0.98$，它虽然接近 1，但是其差异也是明显的，因此在气轨上不能实现完全弹性碰撞。

1. 非完全弹性碰撞

取大、小两个滑块($m_1 > m_2$)，将滑块 2 置于 A、B 光电门之间，使 $v_{20}=0$。推动滑块 1 以速度 v_{10} 去撞滑块 2，碰撞后速度分别为 v_1 和 v_2(图 2-1-1)，则

$$m_1 v_{10} = m_1 v_1 + m_2 v_2 \tag{2-1-4}$$

碰撞前后动能的变化为

$$\Delta E = \frac{1}{2}(m_1 v_1^2 + m_2 v_2^2) - \frac{1}{2} m_1 v_{10}^2 \tag{2-1-5}$$

2. 完全非弹性碰撞

此时 $e=0$，将滑块 2 置于光电门 AB 间，且 $v_{20}=0$，滑块 1 以速度 v_{10} 撞向滑块 2，碰撞后两滑块黏在一起以同一速度 v_2 运动。

为了实现此类碰撞，要在两滑块的碰撞弹簧上加上尼龙胶带或橡皮泥(使用尼龙胶带时里面要衬上一块软胶皮)。

碰撞前后的动量关系为

$$m_1 v_{10} = (m_1 + m_2) v_2 \tag{2-1-5}$$

动能变化为

$$\Delta E = \frac{1}{2}(m_1 + m_2) v_2^2 - \frac{1}{2} m_1 v_{10}^2 \tag{2-1-6}$$

四、实验步骤

1. 用纱布沾少许酒精擦拭轨面及滑块内表面(供气时)，检查气孔。

2. 调平气轨;检查滑块碰撞弹簧,保证对心碰撞。

3. 操作注意:碰撞前后滑块运行是否平稳对此实验十分重要,除了检查碰撞弹簧保证对心碰撞以外,在推动滑块 1 去撞滑块 2 时也应特别小心,最好不要用手直接去推滑块 1,而是在滑块 1 后面再加一小滑块,通过小滑块去推动滑块 1,使推力和轨平行。

4. 非完全弹性碰撞:适当安置光电门 A、B 的位置,使能顺序测出三个时间 t_{1A}(滑块 1 通过 A 门时),t_{2B}(滑块 2 通过 B 门时),t_{1B}(滑块 1 通过 B 门时)。并在可能的条件下,使 A、B 的距离小些。每次碰撞时,要使 $v_{20}=0$,速度 v_{10} 也不要太大。碰撞次数可在 6~10 次左右。

5. 完全非弹性碰撞:在两个滑块的相对的碰撞面上加上尼龙胶带或橡皮泥(碰撞弹簧要移开),进行碰撞,仍然使 $v_{20}=0$。

6. 计算结果与分析:

(1) 两类碰撞的碰撞前后动量之比;

(2) 两类碰撞的碰撞前后动能的变化;

(3) 非完全弹性碰撞时的恢复系数;

(4) 对实验结果做分析和评价。

五、注意事项

1. 爱护气轨和滑块,滑块应轻拿轻放,避免碰撞和滑落摔坏。

2. 每次实验时,应先给气轨通气再放置滑块;实验结束时,应先拿下滑块再关闭气泵。

六、实验数据与处理

$m_1=$________;$m_2=$________

1. 非完全弹性碰撞

次数	$v_{10}/\mathrm{cm\cdot s^{-1}}$	$v_1/\mathrm{cm\cdot s}$	$v_2/\mathrm{cm\cdot s^{-1}}$	C	$\Delta E/\mathrm{J}$	e
1						
2						
3						

2. 完全非弹性碰撞

次数	$v_{10}/\mathrm{cm\cdot s^{-1}}$	$v_1/\mathrm{cm\cdot s^{-1}}$	$v_2/\mathrm{cm\cdot s^{-1}}$	C	$\Delta E/\mathrm{J}$
1					
2					
3					

七、思考与讨论

1. 使用的实验装置中,如果取 $m_1=m_2$,$v_{20}=0$,并且认为 $v_1=0$,将给结果引入多大的误差?

2. 当取 $m_1<m_2$ 时进行碰撞，其测量误差与 $m_1>m_2$ 时相比，哪一种可能小些？

2.2 阻尼振动

阻尼振动是指由于振动系统受到摩擦和介质阻力或其他能耗而使振幅随时间逐渐衰减的振动，又称减幅振动、衰减振动。不论是弹簧振子还是单摆，由于外界的摩擦和介质阻力总是存在，在振动过程中要不断克服外界阻力做功，消耗能量，振幅就会逐渐减小，经过一段时间，振动就会完全停下来。这种振幅随时间减小的振动称为阻尼振动。因为振幅与振动的能量有关，阻尼振动也就是能量不断减少的振动，阻尼振动是非简谐运动。

一、实验目的

1. 观测弹簧振子在有阻尼情况下的振动，测定表征阻尼振动特性的一些参量，如对数减缩 Λ、弛豫时间 τ、品质因数 Q 的方法。

2. 利用动态法测定滑块和导轨之间黏性阻尼常量 b。

二、实验仪器

气垫导轨，滑块，弹簧，光电门，数字毫秒计，附加物。

三、实验原理

一个自由振动系统由于外界和内部的原因，使其振动的能量逐渐减少，振幅逐渐衰减，最后停止振动，这就是阻尼振动。在单摆和天平的实验中我们观察到阻尼振动，实际上不仅在力学实验中，也不限于机械运动，其他方面也存在阻尼振动。例如，电流指针的运动，LRC 振荡电路中的电流、电压变化。

本实验的阻尼谐振子由气垫导轨上的滑块和一对弹簧组成，如图 2-2-1。此时滑块除受弹簧恢复力作用外，还受到滑块与导轨之间的黏性阻力的作用。在滑块速度较小时，黏性阻力 $F_{阻}$ 和滑块的速度(v)成正比，即

$$F_{阻}=bv=b\frac{\mathrm{d}x}{\mathrm{d}t} \tag{2-2-1}$$

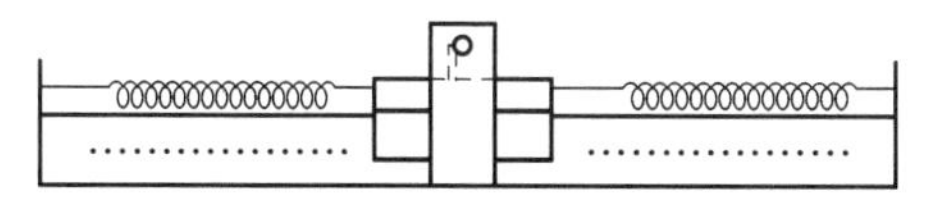

图 2-2-1 阻尼振动原理图

(2-2-1)式中 b 为黏性阻尼常量。气垫导轨上由滑块和一对弹簧组成的振动系统，在弹性力 kx 和阻尼力 $F_{阻}$ 作用下，滑块的运动方程为

$$m\frac{\mathrm{d}^2x}{\mathrm{d}t^2}=-kx-b\frac{\mathrm{d}x}{\mathrm{d}t} \tag{2-2-2}$$

式中：m 为滑块质量。令 $2\delta=\frac{b}{m}$，$\omega_0^2=\frac{k}{m}$，其中常数 δ 称为阻尼因数，ω_0 为振动系统的固有频率，则(2-2-2)式可改写为

$$\frac{\mathrm{d}^2x}{\mathrm{d}t^2}+2\delta\frac{\mathrm{d}x}{\mathrm{d}t}+\omega_0^2x=0 \tag{2-2-3}$$

当阻力较小时，此方程的解为

$$x=A_0\mathrm{e}^{-\delta t}\cos(\omega_f t+\varphi) \tag{2-2-4}$$

式中：$\omega_f=\sqrt{\omega_0^2-\delta^2}$，而阻尼振动周期 T 为

$$T=\frac{2\pi}{\omega_f}=\frac{2\pi}{\sqrt{\omega_0^2-\delta^2}} \tag{2-2-5}$$

由以上可知，阻尼振动的主要特点：

(1) 阻尼振动的振幅随时间按指数规律衰减，如图 2-2-2 所示，即$A=A_0\mathrm{e}^{-\delta t}$。显然，振幅衰减的快慢和阻尼因数 δ 的大小有关，而 $\delta=\frac{b}{2m}$，因而和黏性阻尼常量 b 及振子质量 m 有关。

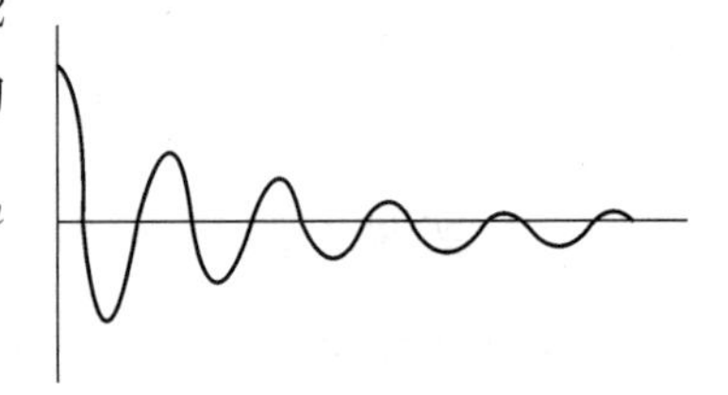

图 2-2-2

(2) 阻尼振动周期 T 要比无阻尼振动周期 $T=\frac{2\pi}{\omega_0}$略长，阻尼越大，周期越长。

为直观地反映阻尼振动的衰减特性，常用对数减缩 Λ、弛豫时间 τ 及品质因数Q 来表示。在弱阻尼情况下，它们清楚地反映了振动系统的振幅及能量衰减的快慢，而且提供了黏性阻尼常量 b 的动态测量方法。

1. 对数减缩(Λ)

对数减缩(Λ)是指任一时刻 t 的振幅 $A(t)$和过一个周期后的振幅 $A(t+T)$之比的对数，即

$$\Lambda=\ln\frac{A_0\mathrm{e}^{-\delta t}}{A_0\mathrm{e}^{-\delta(t+T)}}=\delta T \tag{2-2-6}$$

将 $\delta=\frac{b}{2m}$ 代入上式，得

$$b=\frac{2m\Lambda}{T} \tag{2-2-7}$$

即测出 Λ，就能求得 δ 或 b。

2. 弛豫时间(τ)

它是振幅 A_0 衰减至初值 e^{-1}(=0.368) 倍所经历的时间，即

$$A_0 e^{-\delta\tau} = A_0 e^{-1}$$

所以

$$\tau = \frac{1}{\delta} = \frac{T}{\Lambda} \qquad (2-2-8)$$

3. 品质因数(Q)

一个振动系统的品质因素又称 Q 值，是一个应用极为广泛的概念，它在交流电系统及无线电电子学中是一个很常见的术语。品质因数是指振动系统的总能量 E 与在一个周期中所损耗的能量 ΔE 之比的 2π 倍，用 Q 表示，则

$$Q = 2\pi \frac{E}{\Delta E} \qquad (2-2-9)$$

阻尼振动中，能量的损耗是由于克服阻尼力做功而造成的，其做功的功率等于阻尼力的大小 bv 乘以运动速率 v，即等于 bv^2。在振动时，bv^2 是一个变量，可用一个周期中的平均值作为这一周期中的平均效果。这样一个周期中的能量损耗 ΔE 等于一个周期中克服阻尼力做的功，所以

$$\Delta E = (bv^2)_{平均} T \qquad (2-2-10)$$

而对于振动系统而言，一个周期中的平均动能等于平均势能，且均等于总能量的一半，即

$$\left(\frac{1}{2}mv^2\right)_{平均} = \left(\frac{1}{2}kx^2\right)_{平均} = \frac{1}{2}E \qquad (2-2-11)$$

$$(v^2)_{平均} = \frac{E}{m} \qquad (2-2-12)$$

因而

$$\Delta E = b\frac{E}{m}T \qquad (2-2-13)$$

综合(2-2-11)、(2-2-12)、(2-2-13)式，得出

$$Q = \frac{\pi}{\Lambda} \qquad (2-2-14)$$

从以上的讨论可知，只要测出阻尼振动的对数减缩(Λ)，就能求出反映阻尼振动特性的其他量，如 b、τ、Q。

四、实验内容

1. 利用半衰期法求 Λ。测定滑块、弹簧组成的阻尼谐振子的对数减缩 Λ，弛豫时间 τ 及品质因数 Q。

半衰期是指阻尼振动的振幅从初值 A_0 减到 $A_0/2$ 时所经历的时间，记为 T_h，则

$$\frac{A_0}{2}=A_0\mathrm{e}^{-\delta T_h} \tag{2-2-15}$$

由此可得

$$T_h=\frac{\ln 2}{\delta} \tag{2-2-16}$$

可得

$$\Lambda=\frac{T\ln 2}{T_h} \tag{2-2-17}$$

用停表测出阻尼谐振子的振幅从 A_0 减小到 $A_0/2$ 的时间 T_h 及周期 T，计算对数减缩 Λ，进而求出 τ 和 Q 值以及阻尼常量 b 值。

2. 考查振子质量及弹簧的劲度系数 k 对阻尼振动各常数的影响。在滑块上附加质量，改换不同劲度系数的弹簧再测 b、τ 及 Q 值，从对比中分析其影响。

五、思考与讨论

1. 阻尼振动周期比无阻尼(或阻尼很小时)振动周期长，你能否利用此实验装置设法加以证明?

2. 讨论在振动系统的 m 和 k 相同的情况下，阻尼的大小对对数减缩 Λ 及品质因数 Q 的影响。

3. 现有直径不同而质量相同的有机玻璃圆板，可安装在滑块上，圆板面和振动方向垂直，滑块在振动时在有机玻璃板的后面将产生空气旋涡，这时有压差阻力作用在圆板上。研究加上圆板后，振动系统黏性阻尼常量 b 将如何变化? b 值和圆板面积大小有何关系?

2.3 简谐振动研究

自然界中存在着各种各样的振动现象，其中最简单的振动是**简谐振动**。一切复杂的振动都可以看作是由多个简谐振动合成的，因此简谐振动是最基本最重要的振动形式。本实验将对弹簧振子的简谐振动规律和有效质量做初步研究。

一、实验目的

1. 观察简谐振动现象，测定简谐振动的周期。
2. 测定弹簧的劲度系数和有效质量。
3. 测量简谐振动的能量，验证机械能守恒。

二、实验仪器

气轨，滑块，天平，MUJ－5B 型计时计数测速仪，平板挡光片 1 个，凹形挡光片 1 个，完全相同的弹簧 2 个，等质量骑码 10 个。

三、实验原理

1. 弹簧振子的简谐振动

本实验中所用的弹簧振子是由两个劲度系数相同的弹簧，系住一个装有平板挡光片的滑块，弹簧的另外两端固定。系统在光滑水平的气轨上做振动，如图 2-3-1 所示。

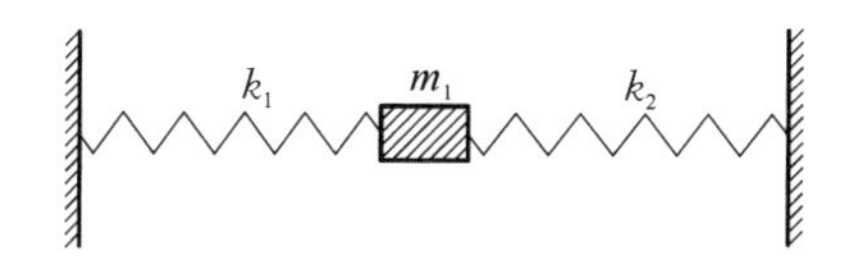

图 2-3-1 弹簧振子

当 m_1 偏离平衡位置 x 时，所受到的弹簧合力为

$$F=-(k_1+k_2)x \tag{2-3-1}$$

令 $k=k_1+k_2$，并用牛顿第二定律写出方程

$$-kx=m\frac{d^2x}{dt^2} \tag{2-3-2}$$

解得

$$x=A\sin(\omega t+\varphi_0) \tag{2-3-3}$$

即做简谐运动，其中

$$\omega_0=\sqrt{\frac{k}{m}} \tag{2-3-4}$$

式中：ω_0 是振动系统的固有频率，由系统自身决定；$m=m_1+m_0$ 是振动系统的有效质量，m_0 是弹簧的有效质量；A 是振幅；φ_0 是初相位；A 和 φ_0 由初始条件决定。系统的振动周期为

$$T=\frac{2\pi}{\omega_0}=2\pi\sqrt{\frac{m}{k}}=2\pi\sqrt{\frac{m_1+m_0}{k}} \tag{2-3-5}$$

$$T^2=\frac{4\pi^2}{k}m_1+\frac{4\pi^2}{k}m_0 \tag{2-3-6}$$

通过改变 m_1 测量相应的 T，考察 T 和 m_1 的关系，再用最小二乘法线性拟合，求出 k 和 m_0。

2. 简谐振动的运动学特征

将 $x=A\sin(\omega t+\varphi_0)$ 对 t 求微分

$$v=\frac{dx}{dt}=A\omega_0\cos(\omega t+\varphi_0) \tag{2-3-7}$$

可见振子的运动速度 v 的变化关系也是一个简谐运动，角频率为 ω_0，振幅为 $A\omega_0$ 且 v 的相位比 x 超前 $\frac{\pi}{2}$，消去 t，得

$$v^2=\omega_0^2(A^2-x^2) \tag{2-3-8}$$

$x=A$ 时，$v=0$，$x=0$，v 数值最大，即

$$v_{\max}=A\omega_0 \tag{2-3-9}$$

实验中测量 x 和 v 随时间的变化规律及 x 和 v 之间的相位关系。

从上述关系可得

$$k=\omega_0^2=m\frac{v_{\max}^2}{A^2} \tag{2-3-10}$$

3. 简谐振动的机械能

振动动能为

$$E_k=\frac{1}{2}(m_1+m_0)v^2 \tag{2-3-11}$$

系统的弹性势能为

$$E_p=\frac{1}{2}kx^2 \tag{2-3-12}$$

则系统的机械能为

$$E=E_k+E_p=\frac{1}{2}m\omega_0^2A^2 \tag{2-3-13}$$

式中：k 和 A 均不随时间变化。(2-3-13)式说明机械能守恒，本实验通过测定不同位置 x 上 m_1 的运动速度 v，从而求得 E_k 和 E_p，观测它们之间的相互转换并验证机械能守恒定律。

四、实验步骤

1. 测量弹簧振子的振动周期并考察振动周期和振幅的关系。滑块振动的振幅 A 分别取 10.0，20.0，30.0 和 40.0 cm 时，测量其相应的周期，每一振幅周期测量 6 次。

2. 研究振动周期振子质量之间的关系。用电子天平分别测量滑块和各个砝码的质量。在滑块上加砝码，对一个确定的振幅(取 $A=40.0$ cm)每增加一个砝码测量一组 T，测量个数同 1)，作 T^2-m_1 图，用最小二乘法做线性拟合，斜率为 $\frac{4\pi^2}{k}$，截距为 $\frac{4\pi^2}{k}m_0$，求出弹簧的弹性系数和有效质量。

3. 验证机械能守恒。取一组滑块和砝码的组合，及 $A=40.0$ cm，将平板挡光片换成 U 型挡光片，调整光电门的位置，测量不同位置 x 处的挡光时间间隔 δ_t，用游标卡尺测量

挡光边间距 δ_s，得出速度 v，利用上一步中测量的滑块和砝码的质量，计算机械能并做比较(从平衡位置到初始位置之间取 5～7 个点，包含平衡位置)。

五、注意事项

1. 振动开始后，物体经过平衡位置时必须是开始计时和终止计时的时刻。
2. 计时的时间要取较多次振动的时间(一般 50 次全振动的时间)。

六、数据记录与处理

1. 弹簧振子的振动周期与振幅的关系：

A/cm	
T_1/s	
T_2/s	
T_3/s	
T_4/s	
T_5/s	
T_6/s	
T/s	
δ_t/s	

2. 弹簧振子的振动周期与振子质量的关系：

A_0/cm	
T_1/s	
T_2/s	
T_3/s	
T_4/s	
T_5/s	
T_6/s	
T/s	
δ_t/s	

3. 验证振动系统的机械能守恒：

A=________cm；　　m_1=________g。

从平衡位置左侧释放，δ_s=________mm

x/cm	
δ_t/s	
v/m・s^{-1}	

4. 作振幅与周期的关系图($T-A$)。
5. 作 T^2 和 m_1 的关系图(T^2-m_1)。

七、思考与讨论

1. 实验前气垫导轨调节水平的方法?
2. 滑块的振幅在振动过程中不断减少,是什么原因?对实验结果有无影响?

2.4 复摆特性的研究

摆是一种既古老又有现代意义的物理力学分析模型,它不但出现在古老的摆钟中,又在不少现代物理分析模型中具有重要的意义。复摆是比单摆更有实际意义的物理模型,通过对复摆模型的分析能对转动惯量计算和小角度近似简谐振动等物理原理有更深一步的了解,同时在对物理量的测量中如何使用计算机实时测量系统有初步的掌握。

一、实验目的

1. 掌握复摆物理模型的分析。
2. 通过实验学习用复摆测量重力加速度的方法。

二、实验仪器

复摆装置、多功能微秒计。

三、实验原理

复摆是一刚体绕固定的水平轴在重力的作用下做微小摆动的动力运动体系。如图2-4-1所示,刚体绕固定轴O在竖直平面内做左右摆动,G是该物体的质心,与轴O的距离为h,θ为其摆动角度。若规定右转角为正,此时刚体所受力矩与角位移方向相反,即有

$$M=-mgh\sin\theta \tag{2-4-1}$$

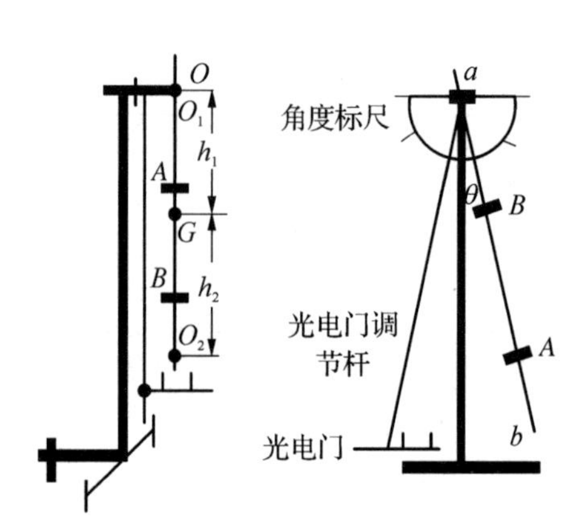

图2-4-1 复摆结构示意图

又据转动定律，该复摆又有

$$M = I\ddot{\theta} \tag{2-4-2}$$

式中：I 为该物体转动惯量，$\ddot{\theta}=\frac{\mathrm{d}^2\theta}{\mathrm{d}t^2}$。由(2-4-1)式和(2-4-2)式可得

$$\ddot{\theta} = -w^2 \sin\theta \tag{2-4-3}$$

其中，$w^2=\frac{mgh}{I}$。若 θ 很小时(在 5° 以内)，近似有

$$\ddot{\theta} = -w^2\theta \tag{2-4-4}$$

此方程说明该复摆在小角度下做简谐振动，该复摆振动周期为

$$T = 2\pi\sqrt{\frac{I}{mgh}} \tag{2-4-5}$$

设 I_G 为转轴过质心且与 O 轴平行时的转动惯量，那么根据平行轴定律可知

$$I = I_G + mh^2 \tag{2-4-6}$$

代入(2-4-5)式得

$$T = 2\pi\sqrt{\frac{I_G + mh^2}{mgh}} \tag{2-4-7}$$

根据(2-4-7)式，可测量重力加速度 g，其实验方案有多种，选择其中的三种加以介绍。

实验方案一：

对于固定的刚体而言，I_G 是固定的，因而实验时，只需改变质心到转轴的距离 h_1、h_2，则刚体周期分别为

$$T_1 = 2\pi\sqrt{\frac{I_G + mh_1^2}{mgh_1}} \tag{2-4-8}$$

$$T_2 = 2\pi\sqrt{\frac{I_G + mh_2^2}{mgh_2}} \tag{2-4-9}$$

为了使计算公式简化，故取 $h_2 = 2h_1$，合并(2-4-8)式和(2-4-9)式得

$$g = \frac{12\pi^2 h_1}{(2T_2^2 - T_1^2)} \tag{2-4-10}$$

为了方便确定质心位置 G，实验时可取下摆锤 A 和 B。自已设计实验测量方案和数据处理方案。

实验方案二：

设(2-4-6)式中的 $I_G = mk^2$，代入(2-4-7)式，得

$$T = 2\pi\sqrt{\frac{mk^2 + mh^2}{mgh}} = 2\pi\sqrt{\frac{k^2 + h^2}{gh}} \tag{2-4-11}$$

式中：k 为复摆对 G 轴的回转半径；h 为质心到转轴的距离。对(2-4-11)式平方，并改写成

$$T^2 h = \frac{4\pi^2}{g}k^2 + \frac{4\pi^2}{g}h^2 \tag{2-4-12}$$

设 $y = T^2 h$，$x = h^2$，则(2-4-12)式改写成

$$y = \frac{4\pi^2}{g}k^2 + \frac{4\pi^2}{g}x \tag{2-4-13}$$

(2-4-13)式为直线方程，实验时取下摆锤 A 和 B，测出 n 组(x, y)值，用图示法或最小二乘法求直线的截距 a 和斜率 b，由于 $a = \frac{4\pi^2}{g}k^2$，$b = \frac{4\pi^2}{g}$，所以

$$g = \frac{4\pi^2}{b}, \quad k = \sqrt{\frac{ag}{4\pi^2}} = \sqrt{\frac{a}{b}} \tag{2-4-14}$$

由(2-4-14)式可求得重力加速度 g 和回转半径 k。

实验方案三：

在摆杆上加上摆锤 A 和 B，使之摆动，如摆角较小，其周期 T_1 将等于

$$T_1 = 2\pi\sqrt{\frac{I_1}{Mgh_1}} \tag{2-4-15}$$

式中：I_1 是可逆摆以 O_1 为轴转动时的转动惯量；M 为摆的总质量；g 为当地的重力加速度；h_1 为支点 O_1 到摆的质心 G 的距离。又当以 O_2 为支点摆动时，其周期 T_2 将等于

$$T_2 = 2\pi\sqrt{\frac{I_2}{Mgh_2}} \tag{2-4-16}$$

式中：I_2 是以 O_2 为轴时的转动惯量；h_2 为 O_2 到 G 的距离。

设 I_G 为可逆摆对通过质心的水平轴的转动惯量，根据平行轴定理 $I_1 = I_G + Mh_1^2$，$I_2 = I_G + Mh_2^2$，所以(2-4-15)式和(2-4-16)式可改写成

$$T_1 = 2\pi\sqrt{\frac{I_G + Mh_1^2}{Mgh_1}} \tag{2-4-17}$$

$$T_2 = 2\pi\sqrt{\frac{I_G + Mh_2^2}{Mgh_2}} \tag{2-4-18}$$

从(2-4-17)式和(2-4-18)式消去 I_G 和 M，可得

$$g = \frac{4\pi^2(h_1^2 - h_2^2)}{T_1^2 h_1 - T_2^2 h_2} \tag{2-4-19}$$

在适当调节摆锤 A、B 的位置之后，可使 $T_1=T_2$，令此时的周期值为 T，则

$$g=\frac{4\pi^2}{T^2}(h_1+h_2) \tag{2-4-20}$$

(2－4－20)式中 h_1+h_2，即 O_1O_2 间的距离，设为 l，则

$$g=\frac{4\pi^2}{T^2}l \tag{2-4-21}$$

由(2－4－21)式知，测出复摆正挂与倒挂时相等的周期值 T 和 l，就可算出当地的重力加速度值。式中 l 为两转轴的距离，能测得很精确，所以能使测量 g 值的准确性提高。

为了寻找 $T_1=T_2$ 的周期值，就要研究 T_1 和 T_2 在移动摆锤时的变化规律。设在 O_1O_2 间的摆锤 A 的质量为 m_A，O_1 到 A 的距离为 x，并取 $\overrightarrow{O_1O_2}$ 为正方向，如图 2－4－2 所示。除去摆锤 A 之外摆的质量为 m_0，对 O_1 的转动惯量为 I_0，质心在 C 点，令 $O_1C=h_{c_1}$。由于摆锤 A 较小，(2－4－17)式可近似写成为

$$T=2\pi\sqrt{\frac{I_0+m_Ax^2}{(m_0h_{c_1}+m_Ax)g}} \tag{2-4-22}$$

由(2－4－22)式可知，此摆在以 O_1 为轴时的等值摆长 l_1 等于

$$l_1=\frac{I_0+m_Ax^2}{m_0h_{c_1}+m_Ax} \tag{2-4-23}$$

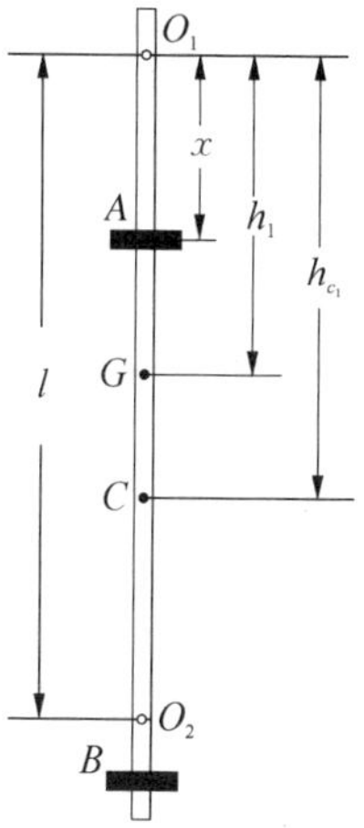

图 2－4－2

经分析可知，在一定条件下 $\frac{\mathrm{d}l_1}{\mathrm{d}x}=0$，并且 $\frac{\mathrm{d}^2l_1}{\mathrm{d}x^2}>0$，即在改变 A 锤位置时，等值摆长 l_1 有一极小值，亦即周期 T_1 有一极小值，并且和此极小值对应的 x 小于 l。这说明当 A 锤从 O_1 移向 O_2 时，T_1 的变化如图2－4－3所示。当 x 开始增加时，T_1 先减小，在 T_1 达到极小值之后又增加。T_2 的变化规律和 T_1 的相似，但是变化较明显。

本实验为了利用(2－4－21)式计算 g 值，就必须在移动 A 锤过程中，使 T_1 曲线和 T_2 曲线相交。理论分析和实际测量都表明，T_1 和 T_2 两曲线是否相交决定于摆锤 B 的位置(图 2－4－4)，本实验是通过实际测量来确定能使 T_1、T_2 曲线相交的 B 锤的位置(图 2－4－4(b))。

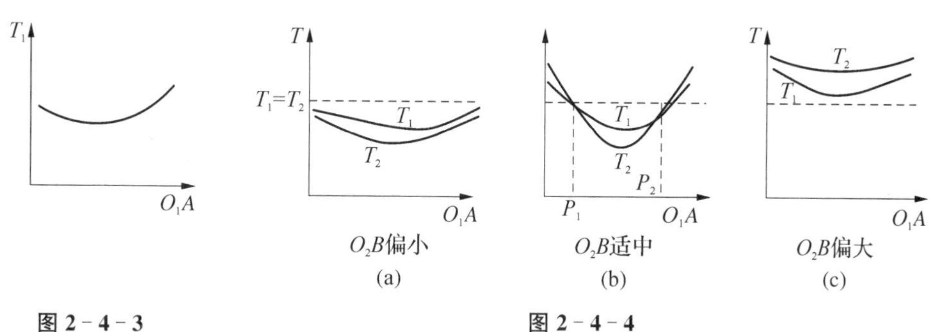

图 2－4－3　　图 2－4－4

四、实验步骤

1. 确定 B 锤的位置在摆杆的两端分别固定一个挡光片。光电门置于摆下端的挡光片处，并和数字微秒计连接好，使用能测周期的功能部分。

将 A 锤置于 O_1O_2 的中点处，B 锤置于 O_2 外侧的中间，测 T_1 和 T_2（只测一个摆动周期）。若 $T_1>T_2$，那将属于图 2-4-4(a)或(b)的情形。将 A 锤移至 O_2 附近，$\overline{AO_2}$ 约 10 cm处（B 不动）再测 T_1 和 T_2，如果此时 $T_1<T_2$，说明 B 锤的位置适合图 2-4-4(b)，亦即适合实验的要求，在以下的测量中 B 锤即固定在此位置。若是测量结果和上述的不一致，就要参照图 2-4-4 去改变 B 锤的位置，直至和上述要求一致时为止。

2. 首先，测绘 T_1、T_2 曲线将 A 锤置于 $\overline{O_1A}$ 约等于 10 cm 处，测 T_1 和 T_2。其次，每将 A 锤移动 10 cm 测一下 T_1 和 T_2，直至 $\overline{AO_2}$ 大约为 10 cm 时为止。

以 O_1A 为横坐标，周期为纵坐标作图线（如图 2-4-4(b)），两曲线交点对应的 $\overline{O_1A}$ 值为 P_1 和 P_2，对应的周期应相等。

3. 测量 $T_1=T_2=T$ 的精确值将 A 锤置于 P_2 处（该点对应的两曲线的交角较大），测 T_1 和 T_2，各重复测 10 次后取平均值（由于这次测得较精细，将发现 T_1 和 T_2 不等，即以前测得的 P_2 不准）。当 $T_1<T_2$ 时，就使 $\overline{O_1A}$ 减少 2 mm（若是 $T_1>T_2$ 就使 $\overline{O_1A}$ 增加 2 mm），再同上面方法测周期为 T'_1 和 T'_2，这时应当是 $T'_1>T'_2$（若是实际测量结果仍然是 $T'_1<T'_2$，就要再移动 A 锤去测量）。

在这一步测量时，要使每次摆尖的位移（振幅）相同，并测出其大小 s。如支点到摆尖的长度为 L，则摆角 $\theta=\frac{s}{L}$，在小摆角 θ 测得的周期 T_θ 和摆角近于零时的周期 T_0 之间存在如下关系

$$T_0=T_\theta\left(1-\frac{\theta^2}{16}\right) \tag{2-4-24}$$

测量所得的各周期值，要根据(2-4-24)式改正成为摆角近于零时的周期。

用测得的 T_1、T_2、T'_1 和 T'_2 作图线，其交点所对应的周期值就是所求的 $T_1=T_2=T$ 的数值。

4. 测量两转轴的距离 l。

5. 将第 3、4 步求出的 T 和 l 值代入(2-4-21)式，求出当地的重力加速度 g，并求其标准偏差。

五、思考与讨论

试比较用单摆法和复摆法测重力加速度的精确度，说明其精度高或低的原因？

2.5 多普勒效应综合实验

多普勒效应(Doppler effect)是为纪念奥地利物理学家及数学家克里斯琴·约翰·多普勒(Christian Johann Doppler)而命名的,他于1842年首先提出了这一理论。主要内容为物体辐射的波长因为波源和观测者的相对运动而产生变化。在运动的波源前面,波被压缩,波长变得较短,频率变得较高(蓝移,blue shift);在运动的波源后面时,会产生相反的效应,波长变得较长,频率变得较低(红移,red shift);波源的速度越高,所产生的效应越大。根据波红(或蓝)移的程度,可以计算出波源循着观测方向运动的速度。

恒星光谱线的位移显示恒星循着观测方向运动的速度,除非波源的速度非常接近光速,否则多普勒位移的程度一般都很小。所有波动现象都存在多普勒效应。

一、实验目的

测量超声接收器运动速度与接收频率之间的关系,验证多普勒效应,并由 $f-v$ 关系直线的斜率求声速。

二、实验仪器

多普勒效应综合实验仪。

三、实验原理

1. 超声的多普勒效应

根据声波的多普勒效应公式,当声源与接收器之间有相对运动时,接收器接收到的频率为 f 满足

$$f=f_0(u+v_1\cos\alpha_1)/(u-v_2\cos\alpha_2) \tag{2-5-1}$$

式中:f_0 为声源发射频率;u 为声速;v_1 为接收器运动速率;α_1 为声源与接收器连线与接收器运动方向之间的夹角;v_2 为声源运动速率;α_2 为声源与接收器连线与声源运动方向之间的夹角。

若声源保持不动,运动物体上的接收器沿声源与接收器连线方向以速度 v 运动,则从(2-5-1)式可得接收器接收到的频率应为

$$f=f_0(1+v/u) \tag{2-5-2}$$

当接收器向着声源运动时,v 取正,反之取负。

若 f_0 保持不变,以光电门测量物体的运动速度,并由仪器对接收器接收到的频率自动计数,根据(2-5-2)式,作 $f-v$ 关系图可直观验证多普勒效应,且由实验点作直线,其斜率应为 $k=f_0/u$,由此可计算出声速 $u=f_0/k$。

2. 超声的红外调制与接收

超声信号的调制—发射—接收—解调。

四、实验步骤

1. 测量准备

(1) 实验仪开机,先输入室温,利用实验仪上左右键将室温 T 调到实际值,按确认。

(2) 对超声发生器的驱动频率进行调谐,将驱动频率调到谐振频率 f_0,并将接收器的谐振电流调至最大,按确认。

2. 测量步骤

(1) 在实验仪的工作模式界面中选择多普勒效应实验,按确认。

(2) 利用右键修改测试次数(5 次),按向下的键选中,开始测试。

(3) 准备好后按确认,电磁铁释放,测试开始进行,仪器自动记录小车通过光电门的平均速度和与之对应的平均接收频率。

(4) 每次测试完成,都有存入或重测的提示,可据实际情况选择。按确认后,回到测试状态,并显示测试总次数及已完成的测试次数。

(5) 通过改变砝码个数(质量)牵引小车,改变小车运动速度,并让磁铁吸住小车,按开始,进行第二次测试。

(6) 完成设定测量次数,仪器自动存储数据,并显示 $f-v$ 关系图(粗略)及测量数据。

五、注意事项

1. 要保证红外接收器、小车上的红外发生器和超声接收器、超声发生器三者在同一轴线上,确保信号传输良好。

2. 避免挤压、拉扯电缆,以免导线折断。

3. 小车要保持车轮干净,以免影响实验。

4. 小车速度不可太快,以免脱轨而跌落损坏。

六、数据记录与处理

1. 声速的理论公式:

$$u_0=331(1+T/273)^{1/2},\qquad T\text{ 为室温 ℃}$$

2. 用右键选中测量数据记录并作 $f-v$ 直线,求斜率。

作图求直线斜率的方法:在已画出的直线上取两点,$p_1(f_1,v_1)$ 和 $p_2(f_2,v_2)$,则 $k=(f_2-f_1)/(v_2-v_1)$。

3. 数据记录:$f_0=$________Hz,$T=$________。

七、思考与讨论

1. 多普勒效应实验中为什么要输入准确的室温?

2. 简单陈述多普勒效应测声速的原理?

2.6 钢丝杨氏模量的测定

杨氏模量是工程材料的重要参数，它反映了材料弹性形变与内应力的关系，并且只与材料性质有关，是选择工程材料的重要依据之一。

设长为L，截面积为S的均匀金属丝，在两端以外力F相拉后，伸长ΔL。实验表明，在弹性范围内，单位面积上的垂直作用力F/S（正应力）与金属丝的相对伸长$\Delta L/L$（线应变）成正比，其比例系数就称为杨氏模量，用E表示，即这里的F、L和S都易于测量，ΔL属微小变量，我们将用光杠杆放大法测量。

本实验采用的光杠杆法是属于光放大技术。光杠杆放大原理被广泛地用于许多高灵敏度的仪表中，如光电反射式检流计、冲击电流计等。放大法的核心是将微小变化量输入一“放大器”，经放大后再做精确测量。

一、实验目的

1. 了解静态拉伸法测杨氏模量的方法。
2. 掌握光杠杆放大法测微小长度变化的原理和方法。
3. 学会用逐差法处理数据。

二、实验仪器

近距转镜杨氏模量仪，新型光杠杆，螺旋测微计，游标卡尺，钢卷尺，望远镜。

三、实验原理

1. 杨氏模量的定义

设金属丝的原长为L，横截面积为S，沿长度方向施力F后，其长度改变ΔL，则金属丝单位面积上受到的垂直作用力$\sigma=F/S$称为正应力，金属丝的相对伸长量$\varepsilon=\Delta L/L$称为线应变。实验结果指出，在弹性范围内，由胡克定律可知物体的正应力与线应变成正比，即

$$\sigma=E\cdot\varepsilon \tag{2-6-1}$$

或

$$\frac{F}{S}=E\cdot\frac{\Delta L}{L} \tag{2-6-2}$$

式中：比例系数E即为金属丝的杨氏模量（单位：Pa或N/m^2），它表征材料本身的性质，E越大的材料，要使它发生一定的相对形变所需要的单位横截面积上的作用力也越大。

由（2-6-2）式可知

$$E=\frac{F/S}{\Delta L/L} \tag{2-6-3}$$

对于直径为 d 的圆柱形金属丝，其杨氏模量为

$$E=\frac{F/S}{\Delta L/L}=\frac{mg/\left(\frac{1}{4}\pi d^2\right)}{\Delta L/L}=\frac{4mgL}{\pi d^2\Delta L} \tag{2-6-4}$$

式中 L(金属丝原长)可由卷尺测量，d(金属丝直径)可用螺旋测微器测量，F(外力)可由实验中数字拉力计上显示的质量 m 求出，即 $F=mg$(g 为重力加速度)，而 ΔL 是一个微小长度变化(mm 级)。针对 ΔL 的测量方法，本实验仪采用光杠杆法。

2. 光杠杆法

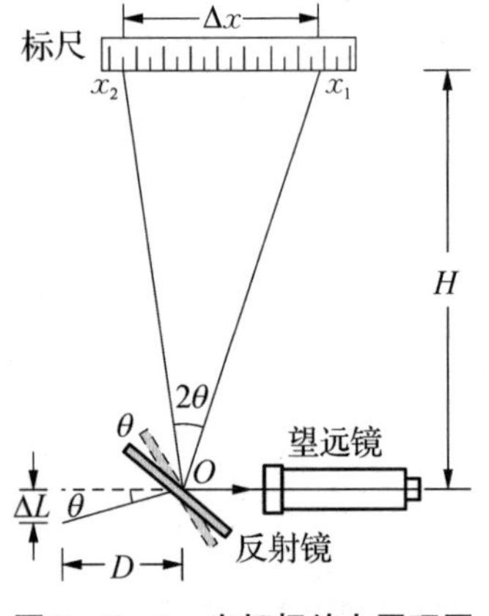

图 2-6-1　光杠杆放大原理图

光杠杆法主要是利用平面反射镜转动，将微小角位移放大成较大的线位移后进行测量。仪器利用光杠杆组件实现放大测量功能。光杠杆组件包括：反射镜、与反射镜连动的动足、标尺等。其放大原理如图 2-6-1 所示。

开始时，望远镜对齐反射镜中心位置，反射镜法线与水平方向成一夹角，在望远镜中恰能看到标尺刻度 x_1 的像。动足足尖放置在夹紧金属丝的夹头的表面上，当金属丝受力后，产生微小伸长 ΔL，与反射镜连动的动足尖下降，从而带动反射镜转动相应的角度 θ，根据光的反射定律可知，在出射光线(即进入望远镜的光线)不变的情况下，入射光线转动了 2θ，此时望远镜中看到标尺刻度为 x_2。

实验中 $D \gg \Delta L$，所以 θ 甚至 2θ 会很小。从图的几何关系中可以看出，2θ 很小时有

$$\Delta L \approx D\cdot\theta,\quad \Delta x \approx H\cdot 2\theta$$

故有

$$\Delta x=\frac{2H}{D}\cdot\Delta L \tag{2-6-5}$$

式中：$2H/D$ 称作光杠杆的放大倍数；H 是反射镜中心与标尺的垂直距离。仪器中 $H\gg D$，这样便能把微小位移 ΔL 放大成较大的容易测量的位移 Δx。将(2-6-5)式代入(2-6-4)式得到

$$E=\frac{8mgLH}{\pi d^2 D}\cdot\frac{1}{\Delta x} \tag{2-6-6}$$

如此，可以通过测量(2-6-6)式右边的各参量得到被测金属丝的杨氏模量，(2-6-6)式中各物理量的单位取国际单位(SI 制)。

四、实验步骤

实验前应保证上、下夹头均夹紧金属丝，防止金属丝在受力过程中与夹头发生相对滑移。

光杠杆法测量金属丝杨氏模量的实验步骤：

1. 将拉力传感器信号线接入数字拉力计信号接口，用背光源接线连接数字拉力计背光源接口和标尺背光源电源插孔。

2. 打开数字拉力计电源开关，预热 10 min。背光源应被点亮，标尺刻度清晰可见。数字拉力计面板上显示此时加到金属丝上的力。

3. 旋松光杠杆动足上的锁紧螺钉，调节光杠杆动足至适当长度(以动足尖能尽量贴近但不贴靠到金属丝，同时两前足能置于台板上的同一凹槽中为宜)，用三足尖在平板纸上压三个浅浅的痕迹，通过画细线的方式画出两前足连线的高(即光杠杆常数)，然后用游标卡尺测量光杠杆常数的长度 D，并将实验数据记入表 2－6－1。将光杠杆置于台板上，并使动足尖贴近金属丝，且动足尖应在金属丝正前方。

4. 旋转施力螺母，先使数字拉力计显示小于 2.5 kg，然后施力由小到大(避免回转)，给金属丝施加一定的预拉力 m_0(3.00±0.02 kg)，将金属丝原本存在弯折的地方拉直。

5. 用钢卷尺测量金属丝的原长 L，钢卷尺的始端放在金属丝上夹头的下表面，另一端对齐下夹头的上表面，将实验数据记入表 2－6－1。

6. 用钢卷尺测量反射镜中心到标尺的垂直距离 H，钢卷尺的始端放在标尺板上表面，另一端对齐反射镜中心，将实验数据记入表 2－6－1。

7. 用螺旋测微器测量不同位置、不同方向的金属丝直径视值 $d_{视i}$(至少 6 处)，注意测量前记下螺旋测微器的零差 d_0。将实验数据记入表 2－6－2 中，计算直径视值的算术平均值$\overline{d_{视}}$，并根据 $\overline{d}=\overline{d_{视}}-d_0$ 计算金属丝的平均直径。

8. 将望远镜移近并正对实验架台板(望远镜前沿与平台板边缘的距离在 0～30 cm 范围内均可)。调节望远镜使其正对反射镜中心，然后仔细调节反射镜的角度，直到从望远镜中能看到标尺背光源发出的明亮的光。

9. 调节目镜视度调节手轮，使得十字分划线清晰可见。调节调焦手轮，使得视野中标尺的像清晰可见。转动望远镜镜身，使分划线横线与标尺刻度线平行后再次调节调焦手轮，使得视野中标尺的像清晰可见。

10. 再次仔细调节反射镜的角度，使十字分划线横线对齐≤2.0 cm 的刻度线(避免实验做到最后超出标尺量程)。水平移动支架，使十字分划线纵线对齐标尺中心。

注：下面步骤中不能再调整望远镜，并尽量保证实验桌不要有震动，以保证望远镜稳定。加力和减力过程，施力螺母不能回旋。

11. 点击数字拉力计上的“清零”按钮，记录此时对齐十字分划线横线的刻度值 x_1。

12. 缓慢旋转施力螺母，逐渐增加金属丝的拉力，每隔 1.00(±0.02)kg 记录一次标尺的刻度 x_i^+，加力至设置的最大值，数据记录后再加 0.5 kg 左右(不超过 1.0 kg，且不记录数据)。然后反向旋转施力螺母至设置的最大值并记录数据。同样操作，逐渐减小金属丝的拉力，每隔 1.00(±0.02)kg 记录一次标尺的刻度 x_i^-，直到拉力为 0.00(±0.02)kg。将以上数据记录于表 2-6-3 中对应位置。

13. 实验完成后，旋松施力螺母，使金属丝自由伸长，关闭数字拉力计。

五、注意事项

1. 实验是测量微小量，实验时应避免实验台震动。
2. 加力勿超过实验规定的最大加力值。
3. 严禁改变限位螺母位置，避免最大拉力限制功能失效。
4. 光学零件属易碎件，请勿用硬物触碰或从高处跌落。
5. 严禁使用望远镜观察强光源，如太阳等，避免人眼灼伤。
6. 实验完毕后，应旋松施力螺母，使金属丝自由伸长，并关闭数字拉力计。

六、数据记录与处理

表 2-6-1　一次性测量数据

L/mm	H/mm	D/mm

表 2-6-2　金属丝直径测量数据

螺旋测微器零差 d_0=________mm

序号 i	1	2	3	4	5	6	平均值
直径视值 $d_{视i}$/mm							

表 2-6-3　加减力时刻度与对应拉力数据

序号 i	1	2	3	4	5	6	7	8	9	10
拉力视值 m_i/kg	0.00									
加力时标尺刻度 x_i^+/mm										
减力时标尺刻度 x_i^-/mm										
平均标尺刻度/mm $x_i=(x_i^++x_i^-)/2$										
标尺刻度改变量/mm $\Delta x_i=x_{i+5}-x_i$										

2.7　用单摆测重力加速度

重力加速度是一个重要的地球物理参数，准确测定它的量值，无论在理论上，还是科研和工程技术等方面都有极其重要的意义。单摆是由一摆线连着重量为 mg 的摆锤所组成的力学系统，是力学基础教科书中都要讨论的一个力学模型。当年伽利略在观察比萨教堂中的吊灯摆动时发现，摆长一定的摆，其摆动周期不因摆角而变化，因此可用它来计时，后来惠更斯利用了伽利略的这个观察结果，发明了摆钟。

一、实验目的

1. 学会使用光电门计时器和米尺，测准摆的周期和摆长。
2. 验证摆长与周期的关系，掌握使用单摆测量当地重力加速度的方法。
3. 初步了解误差的传递和合成。

二、实验仪器

单摆实验装置，多功能微秒计，卷尺，游标卡尺。

三、实验原理

1. 利用单摆测量当地的重力加速度 g 值

用一不可伸长的轻线悬挂一小球，做幅角 θ 很小的摆动就是单摆，如图 2-7-1 所示。设小球的质量为 m，其质心到摆的支点 O 的距离为 l（摆长）。作用在小球上的切向力的大小为 $mg\sin\theta$，它总指向平衡点 O'。当 θ 角很小，则 $\sin\theta\approx\theta$，切向力的大小为 $mg\theta$，按牛顿第二定律，质点的运动方程为 $ma_{切}=-mg\sin\theta$，即 $ml\dfrac{d^2\theta}{dt^2}=-mg\sin\theta$，因为 $\sin\theta\approx\theta$，所以

$$\frac{d^2\theta}{dt^2}=-\frac{g}{l}\theta \tag{2-7-1}$$

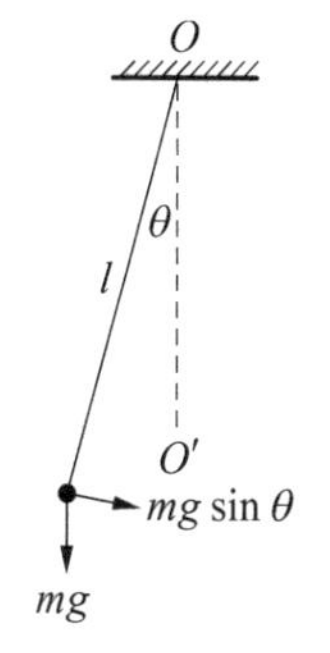

图 2-7-1　单摆示意图

这是一简谐运动方程（参阅普通物理学中的简谐振动），(2-7-1)式的解为

$$\theta(t)=A\cos(\omega_0 t+\varphi_0)，其中\ \omega_0=\frac{2\pi}{T}=\sqrt{\frac{g}{l}} \tag{2-7-2}$$

式中：A 为振幅；φ_0 为幅角；ω_0 为角频率（固有频率）；T 为周期。可见，单摆在摆角很小，不计阻力时的摆动为简谐振动，简谐振动是一切线性振动系统的共同特性，它们都以自己的固有频率做正弦振动，与此同类的系统有线性弹簧上的振子，LC 振荡回路中的电流，微波与光学谐振腔中的电磁场，电子围绕原子核的运动等，因此单摆的线性振动，是具有代表性的。由(2-7-2)式可知该简谐振动固有角频率 ω_0 的平方等于 g/l，由此得出

$$T=2\pi\sqrt{\frac{l}{g}}，g=4\pi^2\frac{l}{T^2} \tag{2-7-3}$$

由(2-7-3)式可知，周期只与摆长有关。实验时，测量一个周期的相对误差较大，一般是测量连续摆动 n 个周期的时间 t，由(2-7-3)式得

$$g=4\pi^2\frac{n^2 l}{t^2} \tag{2-7-4}$$

式中 π 和 n 不考虑误差，因此(2－7－4)式的误差传递公式为

$$\frac{\Delta g}{g}=\frac{\Delta l}{l}+2\frac{\Delta t}{t} \tag{2-7-5}$$

可以看出，在 Δl、Δt 大体一定的情况下，增大 l 和 t 对测量 g 有利。

四、实验步骤

1. 分别用米尺和游标卡尺，测量摆线长和摆球的半径。摆长 l 等于摆线长加摆球的半径。

2. 当摆球的振幅小于摆长的$\frac{1}{12}$时，摆角 $\theta<5°$。

3. 如果用停表测量周期，当摆锤过平衡位置 O'时，按表计时，握停表的手和小球同步运动，为了防止数错 n 值，应在计时开始时数“零”，以后每过一个周期，数 1，2，…，n。以减少测量周期的误差。

4. 采用计时器测量周期。

5. 重力加速度 g 的测量。

实验方案一：

改变单摆的摆长 l，测量在 $\theta<5°$的情况下，连续摆动 n 次的时间 t，填入表 2－7－1 中。

表 2－7－1　改变摆长 l，在 $\theta<5°$的情况下，连续摆动 20 次时间 t 的测量结果

摆长 l/cm	60.00	70.00	80.00	90.00	100.00	110.00
周期 T_{20}/s						
周期 T_{20}/s						
周期 T_{20}/s						
周期 T/s						
T^2						

表 2－7－1 的测量数据，有两种处理方法。

(1) 作图法：根据表 2－7－1 的数据，作 $l-T^2$ 直线，在直线上取两点 A 和 B，求直线斜率 $k=\frac{y_1-y_2}{x_1-x_2}$，由(2－7－3) 式知

$$g=\frac{4\pi^2}{k} \tag{2-7-6}$$

根据(2－7－6)式求重力加速度 g。

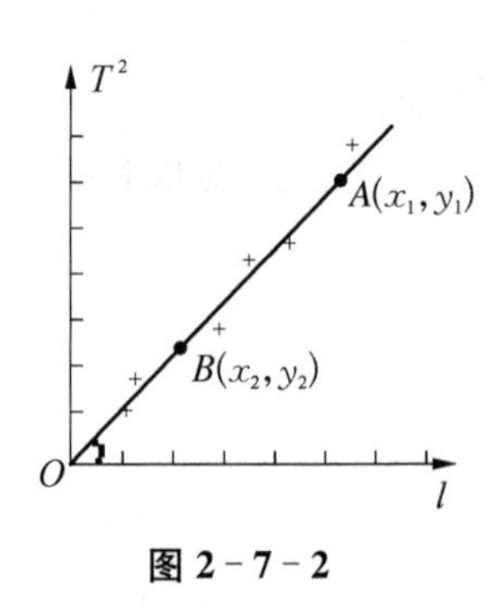

图 2－7－2

(2) 计算法：根据表 2－7－1 的数据，分别计算不同摆长的重力加速度 g_1，g_2，g_3，g_4，g_5，g_6，然后取平均，再计算不确定度。

实验方案二：

不改变单摆的摆长 l，测量在 $\theta<5°$的情况下，连续摆动 n 次的时间 t。参考“测量举例”处理实验数据。

测量同一摆长不同摆角下的周期 T，比较摆角对 T 的影响。

表 2-7-2 摆角对周期 T 的影响

摆角 $\theta/°$	2	5	10	15	20	25	30	35	40	45	50	55	60	65
周期 T/s														

五、思考与讨论

1. 设单摆摆角 θ 接近 0°时的周期为 T_0，任意摆角 θ 时周期为 T，两周期间的关系近似为

$$T = T_0\left(1 + \frac{1}{4}\sin^2\frac{\theta}{2}\right)$$

若在 $\theta = 10°$ 条件下测得 T 值，将给 g 值引入多大的相对误差？

2. 有一摆长很长的单摆，不许直接去测量摆长，请设法用测时间的工具测出摆长？

2.8 三线摆测量转动惯量

转动惯量是刚体转动惯性的量度，它与刚体的质量分布和转轴的位置有关。对于形状简单的均匀刚体，测出其外形尺寸和质量，就可以计算其转动惯量。对于形状复杂、质量分布不均匀的刚体，通常利用转动实验来测定其转动惯量。为了便于与理论计算值比较，实验中的被测刚体均采用形状规则的刚体。

一、实验目的

1. 掌握水平调节与时间测量的方法。
2. 掌握三线摆测定物体转动惯量的方法。
3. 掌握利用公式法测定物体的转动惯量。
4. 验证平行轴定理。

二、实验仪器

三线摆装置，多功能微秒计，游标卡尺，米尺，水平仪。

三、实验原理

1. 三线摆法测定物体的转动惯量

如图 2-8-1 所示的三线摆，由机械能守恒定律得

$$mgh = \frac{1}{2}I_0\omega_0^2 \tag{2-8-1}$$

简谐振动：

$$\theta = \theta_0 \sin \frac{2\pi}{T} t \tag{2-8-2}$$

$$\omega = \frac{d\theta}{dt} = \frac{2\pi\theta_0}{T} \cos \frac{2\pi}{T} t \tag{2-8-3}$$

通过平衡位置的瞬时角速度的大小为

$$\omega_0 = \frac{2\pi\theta_0}{T} \tag{2-8-4}$$

所以有

$$mgh = \frac{1}{2} I_0 \left(\frac{2\pi\theta_0}{T}\right)^2 \tag{2-8-5}$$

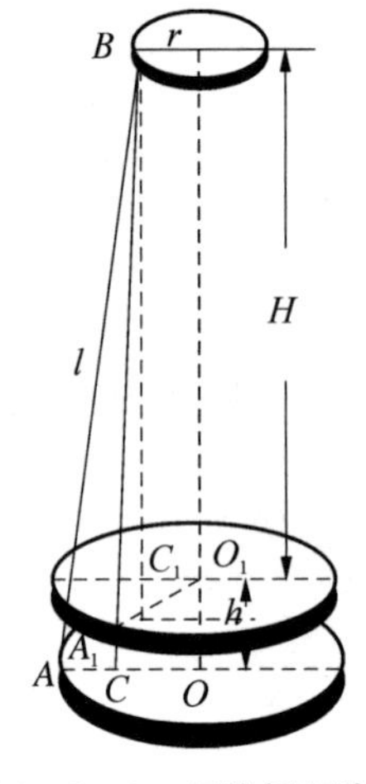

图 2-8-1　三线摆示意图

根据图 2-8-1 可以得到

$$h = BC - BC_1 = \frac{(BC)^2 - (BC_1)^2}{BC + BC_1} \tag{2-8-6}$$

$$(BC)^2 = (AB)^2 - (AC)^2 = l^2 - (R - r)^2 \tag{2-8-7}$$

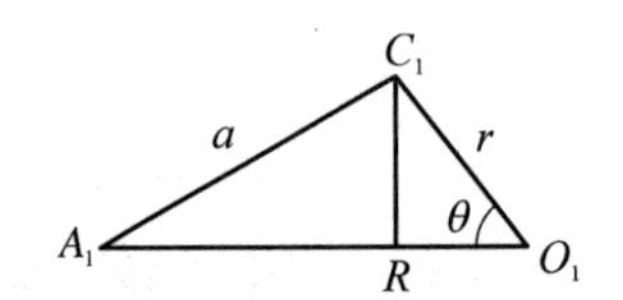

图 2-8-2　转动 O_1 位置示意图

从图 2-8-2 中,根据余弦定律可得

$$(A_1C_1)^2 = (R^2 + r^2 - 2Rr\cos\theta_0) \tag{2-8-8}$$

所以有

$$(BC_1)^2 = (A_1B)^2 - (A_1C_1)^2 = l^2 - (R^2 + r^2 - 2Rr\cos\theta_0) \tag{2-8-9}$$

整理后可得

$$h = \frac{2Rr(1 - \cos\theta_0)}{BC + BC_1} = \frac{4Rr\sin^2\frac{\theta_0}{2}}{BC + BC_1} \tag{2-8-10}$$

因为 $BC + BC_1 \approx 2H$,摆角很小时有

$$\sin\left(\frac{\theta_0}{2}\right) = \frac{\theta_0}{2} \tag{2-8-11}$$

所以

$$h = \frac{Rr\theta_0^2}{2H} \tag{2-8-12}$$

整理后得

$$I_0=\frac{mgRr}{4\pi^2 H}T^2 \tag{2-8-13}$$

又因 $R=\frac{b}{\sqrt{3}}$，$r=\frac{a}{\sqrt{3}}$，其中 a 为上盘直径，b 为下盘直径，所以

$$I_0=\frac{mgab}{12\pi^2 H}T^2 \tag{2-8-14}$$

若其上放置圆环，并且使其转轴与悬盘中心重合，重新测出摆动周期为 T_1 和 H_1，其中 H_1 为加上物体后上下盘之间的距离。则

$$I_1=\frac{(m+M)gab}{12\pi^2 H_1}T_1^2 \tag{2-8-15}$$

待测物的转动惯量为

$$I=I_1-I_0 \tag{2-8-16}$$

2. 公式法测定物体的转动惯量

根据转动惯量的定义，通过对圆环计算可直接得到圆环的转动惯量为

$$I=\frac{1}{8}M(D^2+d^2) \tag{2-8-17}$$

3. 验证平行轴定理

利用三线摆可以验证平行轴定理。平行轴定理即如果一刚体对通过质心的某一转轴的转动惯量为 I_c，则这刚体对平行于该轴，且相距为 d 的另一转轴的转动惯量 I_x 为

$$I_x=I_c+md^2 \tag{2-8-18}$$

式中：m 为刚体的质量。

实验时，将两个同样大小的圆柱体放置在对称分布于半径为 R_1 的圆周上的两个孔上，如图 2-8-2 所示。测出两个圆柱体对中心轴 OO' 的转动惯量 I_x。如果测得的 I_x 值与由(2-8-18)式右边计算得到的结果相比较时，相对误差在测量误差允许的范围内(≤5%)，则平行轴定理得到验证。

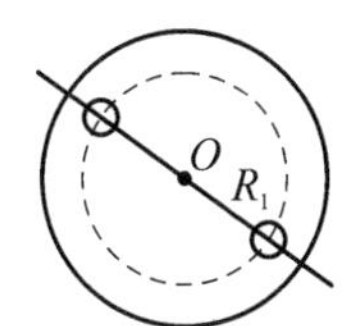

图 2-8-3　二孔对称分布

四、实验步骤

1. 三线摆法测定圆环绕中心轴的转动惯量

(1) 用卡尺分别测定三线摆上下盘悬挂点间的距离 a、b(三个边各测一次再平均)；

（2）调节三线摆的悬线使悬盘到上盘之间的距离 H 约 50 cm；

（3）调节三线摆地脚螺丝使上盘水平后，再调节三线摆悬线的长度从而使悬盘水平；

（4）用米尺测定悬盘到上盘三线接点的距离 H；

（5）让悬盘静止后轻拨上盘使悬盘做小角度摆动（注意观察其摆幅是否小于 10°，摆动是否稳定不摇晃）；

（6）用多功能微秒计测定 15 个摆动周期的摆动时间 t；

（7）把待测圆环置于悬盘上（圆环中心必须与悬盘中心重合），再测定悬盘到三线与上盘接点间的距离 H_1，重复步骤（5）、（6）。

2. 公式法测定圆环绕中心轴的转动惯量

用卡尺分别测定圆环的内径和外径，根据圆环绕中心轴的转动惯量计算公式（2－8－18）确定其转动惯量测定结果（圆环质量见标称值）。

3. 用三线摆验证平行轴定理

（1）测量圆柱体质量 m；

（2）测量圆柱体的半径 $r_{柱}$；

（3）将两个质量均为 m 的圆柱体按照下悬盘上的刻线对称地放置在悬盘上，测量它们的间距为 $2d$；

（4）测量摆动周期 T_1。

五、注意事项

1. 圆盘上下要平行。
2. 过平衡位置时才记录时间。

六、数据记录与处理

表 2－8－1　三线摆法

项目	1	2	3	4	5	平均值
a/cm						
b/cm						
H/cm						
t/s						
H_1/cm						
t_1/s						

表 2－8－2　公式法（m＝________g；M＝________g）

项目	1	2	3	4	5	平均值
D/cm						
d/cm						

表 2-8-3 验证平行轴定理

m/g	$r_{柱}$/cm	d/cm

60个摆动周期总时间/s	平均时间 t/s	平均周期 T_1/s
1(次)		
2(次)		
3(次)		
4(次)		
5(次)		

1. 实验测试法

$$I_0=\frac{mgabT^2}{12\pi^2 H}=$$

$$I_1=\frac{(m+M)gabT_1^2}{12\pi^2 H_1}=$$

$$I_{实验}=I_1-I_0=$$

2. 理论计算法(小盘的转动惯量)

$$I_{理论}=\frac{1}{8}M(D^2+d^2)=$$

$$相对误差:\frac{|I_{理论}-I_{实验}|}{I_{理论}}\times 100\%=$$

3. 平行轴定理验证

下圆盘加对称圆柱后总转动惯量:

$$I_1=\frac{(m_0+2m)gRr}{4\pi^2 H}T_1^2=$$

一个圆柱的转动惯量:

$$I_m=\frac{1}{2}(I_1-I_0)=$$

圆柱转动惯量理论值:

$$I_m{}'=\frac{1}{2}mr_{柱}^2+md^2=$$

相对误差:

$$E_r = \frac{|I_m - I_m'|}{I_m'} \times 100\% =$$

根据误差大小分析实验结果。

七、思考与讨论

1. 三线摆法测量转动惯量的主要误差来源有哪些？
2. 对三线摆装置上下盘进行水平调节的目的是什么？
3. 测量过程中为什么要避免摆幅过大？
4. 如何提高实验准确度？

2.9 气垫导轨测重力加速度

气垫导轨为力学实验提供了一套几乎无摩擦的系统，在气垫导轨上可以研究物体的速度、加速度、碰撞、振动等。本实验应用气垫导轨研究匀加速直线运动的规律，并用来测量本地区的重力加速度。

一、实验目的

1. 学会使用气垫导轨和数字毫秒计。
2. 掌握测量速度和加速度的原理，并计算得到重力加速度。

二、实验仪器

气垫导轨，数字毫秒计，滑块，挡光片，若干垫片。

三、实验原理

物体做直线运动时，如果在 Δt 时间间隔内，通过的位移为 Δd，则物体在 Δt 的时间间隔内的平均速度 v 为

$$v = \Delta d / \Delta t \qquad (2-9-1)$$

当 Δt 趋近于零时，平均速度的极限值就是该时刻(或该位置)的瞬时速度。当滑块在气垫导轨上运动时，通过测量滑块上的挡光板经过光电门的挡光时间 Δt 和测量挡光板的宽度 Δd，即可求出滑块在 Δt 时间内的平均速度 v。由于挡光板宽度比较窄，可以把平均速度近似地看成滑块通过光电门的瞬时速度。挡光板愈窄，相应的 Δt 就愈小，平均速度就更为准确地反映滑块在经过光电门位置时的瞬时速度。

在水平的气垫导轨上的滑块，如果受到水平方向的恒力作用，则滑块在气垫导轨上做匀加速运动。分别测量滑块通过两个光电门时的初速度 v_1 和末速度 v_2，并测出两个光电门的间距 s，则滑块的加速度 a 为

$$a=(v_2^2-v_1^2)/2s \tag{2-9-2}$$

在水平的气垫导轨的倾斜度调节螺丝下面垫上垫块，使导轨倾斜(图 2-9-1)，滑块在斜面上所受的合力为 $mg\sin\theta$，这是一个常量，因此滑块做加速度直线运动，即

$$a=g\sin\theta=gh/L \tag{2-9-3}$$

式中：L 为导轨地脚螺丝间的距离；h 为垫片的厚度。

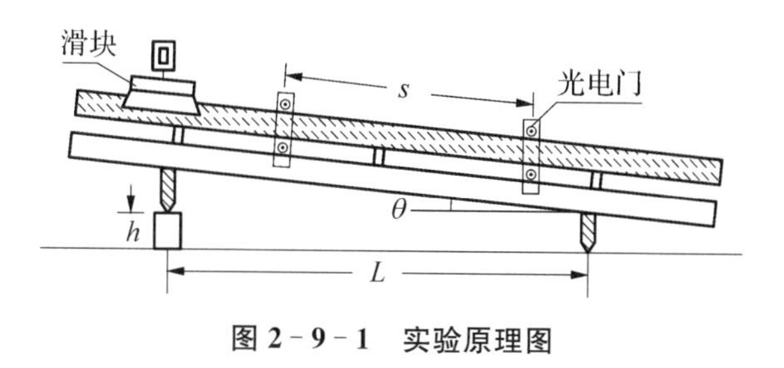

图 2-9-1 实验原理图

由(2-9-2)式和(2-9-3)式可得

$$g=(v_2^2-v_1^2)L/2hs \tag{2-9-4}$$

四、实验步骤

1. 小心安装，使导轨与气源连接并通气，调节气垫导轨水平。

导轨水平状态调整是实验前的重要准备工作，可将滑块放置于导轨上，调节支点螺旋，直至滑块在实验段内基本保持稳定即可。

2. 测量光电门 S_1 与光电门 S_2 之间的距离 s，并记录。

3. 调节水平后，在导轨的一端垫上两块垫片，使导轨倾斜，测量并记录垫片的高度 h。

4. 让滑块从导轨的高端自由滑下，测出并记录滑块经过第一个光电门和第二个光电门的挡光时间 t_1 和 t_2(挡光片的宽度为 d)，重复测量 5 次，计算滑块经过两光电门位置的速度和加速度。

5. 将垫片由 2 块加高到 3 块，重复步骤 3～4。

五、注意事项

1. 导轨表面和滑块都是经过仔细加工的，两者配套使用，不要随意更换。实验中严禁敲、碰、划伤破坏表面的光洁度。

2. 导轨未通入压缩气体时，不许将滑块放在导轨上面滑动，滑块要夹装或调整挡光板时，要把滑块从导轨上取下，装好后再放上去，以防挫伤表面。

3. 实验前，导轨表面和滑块内表面要用棉花沾少许酒精擦洗干净。实验完毕，要先取下滑块，把所有的附件放入附件盒，然后再关掉气源。

六、数据记录与处理

$L=$_______cm；$h=$_______cm；$s=$_______cm；$d=$_______cm。

垫片高度 h_1（两块）						垫片高度 h_2（三块）					
测量次数	t_1	t_2	v_1	v_2	g_n	测量次数	t_1	t_2	v_1	v_2	g_n
1						1					
2						2					
3						3					
4						4					
5						5					

g（测量值）＝多次测量的平均值

g（理论值）$=9.807\ \mathrm{m/s^2}$

$$误差\ u=\frac{|测量值-理论值|}{理论值}\times 100\%$$

七、思考与讨论

1. 分析导致本实验产生误差的原因。
2. 怎样减小本实验中产生的误差？

2.10　利用新型焦利秤研究简谐振动

简谐运动是最基本也最简单的机械振动。当某物体进行简谐运动时，物体所受的力跟位移成正比，并且总是指向平衡位置。它是一种由自身系统性质决定的周期性运动（如单摆运动和弹簧振子运动），实际上简谐振动就是正弦振动。

一、实验目的

1. 验证胡克定律，测量弹簧劲度系数。
2. 研究弹簧振子做简谐振动的特性，测量简谐振动的周期，用理论公式计算弹簧劲度系数，对两种方法的测量结果进行比较。
3. 学习集成霍耳开关的特性及使用方法，用集成霍耳开关测量弹簧振子的振动周期。
4. 用新型焦利秤测量微小拉力。
5. 测量本地区的重力加速度。

二、实验仪器

新型焦利秤，霍尔开关传感器及固定块，计数计时仪。

三、实验原理

1. 弹簧在外力作用下将产生形变(伸长或缩短)。在弹性限度内由胡克定律知外力 F 和它的变形量 Δy 成正比,即

$$F = k \cdot \Delta y \tag{2-10-1}$$

式中:k 为弹簧的劲度系数,它取决于弹簧的形状、材料的性质。通过测量 F 和 Δy 的对应关系,就可由(2-10-1)式推算出弹簧的劲度系数 k。

2. 将质量为 m 的物体挂在垂直悬挂于固定支架上的弹簧的下端,构成一个弹簧振子,若物体在外力作用下(如用手下拉或向上托)离开平衡位置少许,然后释放,则物体就在平衡点附近做简谐振动,其周期为

$$T = 2\pi\sqrt{\frac{m + pm_0}{k}} \tag{2-10-2}$$

式中:p 是待定系数,它的值近似为 1/3,可由实验测得;m_0 是弹簧本身的质量,而 pm_0 被称为弹簧的有效质量。通过测量弹簧振子的振动周期 T,就可由(2-10-2)式计算出弹簧的劲度系数 k。

3. 磁开关(磁场控制开关)如图 2-10-1 所示,集成霍耳传感器是一种磁敏开关。“V_+”“V_-”间加 5 V 直流电压,“V_+”接电源正极,“V_-”接电源负极。当垂直于该传感器的磁感应强度大于某值 Bop 时,该传感器处于“导通”状态,这时处于“V_{OUT}”脚和“V_-”脚之间输出电压极小,近似为零;当磁感强度小于某值 Brp(Brp<Bop)时,输出电压等于“V_+”“V_-”端所加的电源电压,利用集成霍耳开关的这个特性,可以将传感器输出信号输入周期测定仪,测量物体转动的周期或物体移动所经过的时间。

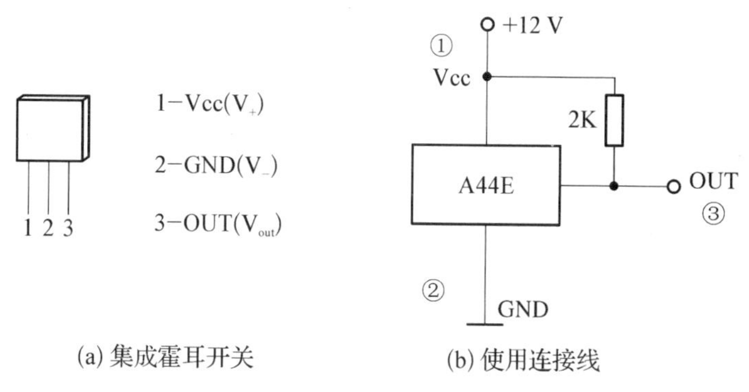

(a) 集成霍耳开关 (b) 使用连接线

图 2-10-1 霍尔开关结构图

四、实验内容

1. 用新型焦利秤测定弹簧劲度系数 k

(1) 调节底板的三个水平调节螺丝,使焦利秤立柱垂直。

(2) 在主尺顶部挂入吊钩,再安装弹簧和配重圆柱体(两个小圆柱体),小指针夹在两

个配重圆柱中间，配重圆柱体下端通过吊钩钩住砝码托盘，这时弹簧已被拉伸一段距离。

(3) 调整小游标的高度使小游标左侧的基准刻线大致对准指针，锁紧固定小游标的锁紧螺钉，然后调节微调螺丝使指针与镜子框边的刻线重合。当镜子边框上刻线、指针和像重合时，才能通过主尺和游标尺读出读数。

(4) 先在砝码托盘中放入 1 克砝码，然后再重复实验步骤(3)，读出此时指针所在的位置的值。先后在托盘中放入 9 个 1 克砝码，通过主尺和游标尺读出每个砝码被放入后小指针的位置的值；再依次从托盘中把这 10 个砝码一个个取下，记下对应的位置的值(读数时须注意消除视差)。

(5) 根据每次放入或取下砝码时，对应砝码质量 m_i 和对应的伸长值 y_1，用图示法或逐差法，求得弹簧的劲度系数 k。

2. 测量弹簧做简谐振动时的周期，通过计算得出弹簧的劲度系数

(1) 取下弹簧下的砝码托盘、吊钩和配重圆柱体和指针，挂入 20 g 铁砝码。铁砝码下吸有磁钢片(磁极需正确摆放，使霍尔开关感应面对准 S 极，否则不能使霍耳开关传感器导通)。

(2) 把带有传感器的探测器装在镜尺的左侧面，探测器通过同轴电缆线与计数计时器输入端连接。

(3) 拨通计时器的电源开关，使计时器预热 10 分钟。

(4) 上下移动镜尺调整霍耳开关探测器与钕铁硼小磁钢间距(约 4 cm)，使磁钢与霍尔传感器正面对准，以使小磁钢在振动过程中比较好的使霍耳传感器触发。

(5) 向下拉动砝码使其拉伸一定距离，使小磁钢面贴近霍耳传感器的正面，这时可以看到触发指示的发光二极管是暗的。然后松开手，让砝码上下振动，用霍耳开关探测器方法记录弹簧振动 20 次的时间，并计算振动周期，代入(2-10-2)式，计算弹簧的劲度系数。

3. 将伸长法和振动法测得的弹簧劲度系数进行比较

五、数据记录与处理

1. 用新型焦利秤测定弹簧劲度系数 k

表 2-10-1　$y \sim m$ 关系数据

次数	砝码质量 m/g	标尺读数 y/mm			逐差值/mm
		增加砝码	减小砝码	平均	逐差
1	1.000				$\Delta y_1 = \lvert y_6 - y_1 \rvert$
2	2.000				$\Delta y_2 = \lvert y_7 - y_2 \rvert =$
3	3.000				$\Delta y_3 = \lvert y_8 - y_3 \rvert =$
4	4.000				$\Delta y_4 = \lvert y_9 - y_4 \rvert =$
5	5.000				$\Delta y_5 = \lvert y_{10} - y_5 \rvert =$
6	6.000				$\Delta \bar{y} =$

续 表

次数	砝码质量 m/g	标尺读数 y/mm	逐差值/mm
7	7.000		
8	8.000		
9	9.000		
10	10.000		

由 $F = k\Delta y$ 得

$$k = \frac{F}{\Delta y} = \underline{\qquad\qquad} \text{N/m}$$

2. 测量弹簧做简谐振动周期，计算得出弹簧的劲度系数 k

测量弹簧振动 20 次的时间为 s，得弹簧振动周期为 $T = s$，取 $p \approx \frac{1}{3}$，用天平秤得 $m_0 = \underline{\qquad\qquad}$ g，$m = \underline{\qquad\qquad}$ g(包括小磁钢质量)，由 $T = 2\pi\sqrt{\frac{m + pm_0}{k}}$ 得

$$k = \frac{m + pm_0}{(T/2\pi)^2} = \underline{\qquad\qquad} \text{N/m}$$

六、思考与讨论

1. 简述用新型焦利秤测量本地区的重力加速度方法。
2. 分析本实验实验误差来源。

2.11　双线摆碰撞打靶研究平抛运动

一、实验目的

1. 研究两球碰撞以及碰撞后做平抛运动的规律。
2. 研究不同质量球体之间碰撞中的动量和能量的转换与守恒。
3. 比较实验值和理论值的差异，分析实验误差的来源。

二、实验仪器

双线摆碰撞打靶实验装置，摆球，钢卷尺，电子天平。

三、实验原理

物体间的碰撞是自然界中普遍存在的现象，从宏观物体的天体碰撞到微观物体的粒

子都是物理学中极其重要的研究课题。双线摆实际上等效于一个单摆，但其优点是在摆球摆动中，能确保摆球的运动轨迹在一个平面内的圆弧线上，而单摆却难以做到，所以本实验中用双线摆取代单摆。碰撞运动和物体的平抛运动，是运动学中的基本内容。能量守恒与动量守恒也是力学中重要的原理。

本实验通过两个球体的碰撞、碰撞前的单摆运动以及碰撞后做平抛运动的研究，应用已学到的力学知识去解决打靶的实际问题。特别是从理论分析与实践结果的差别上，研究实验过程中能量损失的来源，自行设计实验来分析各种损失的相对大小，从而更深入地了解力学原理，提高分析问题、解决问题的能力。

1. 碰撞：指两运动物体相互接触时，运动状态发生迅速变化的现象（“正碰”是指两碰撞物体的速度都沿着它们质心连线方向的碰撞；其他碰撞则为“斜碰”）。

2. 碰撞时的动量守恒：两物体碰撞前后的总动量不变：

$$\sum_i p_i = \sum_i m_i v_i = \text{常矢量}$$

3. 平抛运动：将物体用一定的初速度 v_0 沿水平方向抛出，在不计空气阻力的情况下，物体所做的运动称为平抛运动，其运动学方程为 $x=v_0 t$，$y=\frac{1}{2}gt^2$（式中：t 是从抛出开始计算的时间；x 是物体在该时间内水平方向的移动距离；y 是物体在该时间内竖直下落的距离；g 是实验地区的重力加速度）。

4. 在重力场中，质量为 m 的物体，被提高距离 h 后，其势能增加了 $E_p=mgh$。

5. 质量为 m 的物体以速度 v 运动时，其动能为 $E_k=\frac{1}{2}mv^2$。

6. 机械能的转化和守恒定律：任何物体系统在势能和动能相互转化过程中，若合外力对该物体系统所做的功为零，内力都是保守力（无耗散力），则物体系统的总机械能（即势能和动能的总和）保持恒定不变。

7. 弹性碰撞：在碰撞过程中没有机械能损失的碰撞。

8. 非弹性碰撞：碰撞过程中的机械能不守恒，其中一部分转化为非机械能（如热能）。

四、实验步骤

1. 把实验装置放置在基本水平的桌面上。

2. 用电子天平测量撞击球的质量 m，此外选择质量不同的 3 个球作为被撞球（其中包含一个与撞击球质量相同的），分别记录质量。

3. 根据靶心的位置，测出 x，估计被撞球的高度 y，并据此算出撞击球的高度 h_0。

4. 通过绳栓部件，使两根系绳的有效长度相等，系绳点在两立柱上的高度相等。调节撞击球的高低和左右，使之能在摆动的最低点和被撞球进行正碰。

5. 把撞击球吸在磁铁下，调节升降架使其高度为 h_0，左右移动竖尺使两细绳拉直。

6. 让撞击球撞击被撞球，记下被撞球击中靶纸的实际位置 x'（进行 4 次撞击求平均值），即确定实际击中的位置，由此计算碰撞前后总的能量损失为多少。应对撞击球的高度做怎样的调整，才可使被撞球能击中靶心？

7. 对撞击球的高度做调整后，再重复若干次试验，以确定能击中靶心的 h 值；确定实际被撞球击中靶纸的位置后，记下此 h 值。

五、数据记录与处理

撞击小球质量：$m=$________g；

被撞小球高度：$h=$________cm。

表 2-11-1　数据记录表

实验组数	被撞小球质量/g	靶心距离理论值 x_0/cm	撞击球高度 h_1/cm	靶心距离测量值 x/cm	靶心距离测量值 cm	理论能量 E_1	实际能量 E_2	能量损失 ΔE	损失比率 $\frac{E_1-E_2}{E_1}$
一									
二									
三									

六、思考与讨论

1. 观察撞击球在碰撞后的运动状态，观察撞击球在不碰撞时的运动状态，分析碰撞前后各种能量损失的原因和大小。

2. 在质量相同的两球碰撞后，撞击球的运动状态与理论分析是否一致？这种现象说明了什么？

2.12　气垫导轨上弹簧振子振动的研究

力学实验最困难的问题就是摩擦力对测量的影响。气垫导轨就是为了消除摩擦而设计的力学实验的装置，它使物体在气垫上运动，避免物体与导轨表面的直接接触，从而消除运动物体与导轨表面的摩擦。也就是说，物体受到的摩擦阻力几乎可以忽略。利用气垫导轨可以进行许多力学实验，如测速度、加速度，验证牛顿第二定律、动量守恒定律，研究简谐振动、阻尼振动等，本实验采用气垫导轨研究弹簧振子的振动。

一、实验目的

1. 测量弹簧振子的振动周期 T。
2. 求弹簧的劲度系数 $\bar{k}$ 和有效质量 $\overline{m}_0$。

二、实验仪器

气垫导轨，滑块，附加砝码，弹簧，光电门，数字毫秒计。

三、实验原理

在水平的气垫导轨上，两个相同的弹簧中间系一滑块，滑块做往返振动，如图 2-12-1 所示。如果不考虑滑块运动的阻力，那么滑块的振动可以看成是简谐振动。

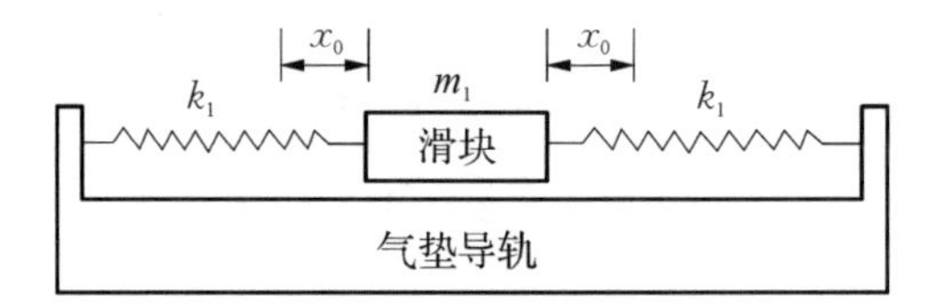

图 2-12-1　简谐运动原理图

设质量为 m_1 的滑块处于平衡位置，每个弹簧的伸长量为 x_0，当 m_1 距平衡点 x 时，m_1 只受弹性力 $-k_1(x+x_0)$ 与 $-k_1(x-x_0)$ 的作用，其中 k_1 是弹簧的劲度系数。根据牛顿第二定律，其运动方程

$$-k_1(x+x_0)-k_1(x-x_0)=m\frac{\mathrm{d}^2x}{\mathrm{d}t^2} \tag{2-12-1}$$

令 $k=2k_1$，(2-12-1)式的解为

$$x=A\sin(\omega_0 t+\varphi_0) \tag{2-12-2}$$

式中：A 为振幅；φ_0 为初相位。此式说明滑块是做简谐振动。

$$\omega_0=\sqrt{\frac{k}{m}} \tag{2-12-3}$$

式中：ω_0 叫作振动系统的固有频率，由振动系统本身的性质所决定。而

$$m=m_1+m_0 \tag{2-12-4}$$

式中：m 为振动系统的有效质量；m_0 为弹簧的有效质量；m_1 为滑块和砝码的质量。

振动周期 T 与 ω_0 有下列关系

$$T=\frac{2\pi}{\omega_0}=2\pi\sqrt{\frac{m}{k}}=2\pi\sqrt{\frac{m_1+m_0}{k}} \tag{2-12-5}$$

在实验中,我们改变 m_1,测出相应的 T,考虑 T 与 m 的关系,从而求出 $\bar{k}$ 和 $\overline{m}_0$。

四、实验步骤

1. 按气垫导轨和计时器的使用方法和要求,将仪器调整到正常工作状态。

2. 测量图 2-12-1 所示的弹簧振子的振动周期 T,重复测量 6 次,与 T 相应的振动系统的有效质量是 $m=m_1+m_0$,其中 m_1 是滑块本身(未加砝码块)的质量,m_0 为弹簧的有效质量。

3. 在滑块上对称地加两块砝码,再按步骤 2 测量相应的周期 T,这时系统的有效质量 $m=m_2+m_0$,其中 m_2 是滑块本身质量加上两块砝码的质量和。

4. 再用 $m=m_3+m_0$ 和 $m=m_4+m_0$ 测量相应的周期 T。式中:$m_3=m_1+$“4 块砝码的质量”;$m_4=m_1+$“6 块砝码的质量”(注意记录每次所加砝码的号数,以便称出各自的质量)。

5. 测量完毕,先取下滑块、弹簧等,再关闭气源,切断电源,整理好仪器。

6. 在天平上称量两个弹簧的实际质量与其有效质量进行比较。

7. 求出弹簧的劲度系数 $\bar{k}$ 和有效质量 $\overline{m}_0$,以及弹簧的有效质量与实际质量之比。

五、数据处理

1. 用逐差法处理数据

由下列公式:

$$T_1^2=\frac{4\pi^2}{k}(m_1+m_0)$$

$$T_2^2=\frac{4\pi^2}{k}(m_2+m_0)$$

$$T_3^2=\frac{4\pi^2}{k}(m_3+m_0)$$

$$T_4^2=\frac{4\pi^2}{k}(m_4+m_0)$$

得

$$T_3^2-T_1^2=\frac{4\pi^2}{k}(m_3-m_1)\Rightarrow k'=\frac{4\pi^2(m_3-m_1)}{T_3^2-T_1^2}$$

$$T_4^2-T_2^2=\frac{4\pi^2}{k}(m_4-m_2)\Rightarrow k''=\frac{4\pi^2(m_4-m_2)}{T_4^2-T_2^2}$$

故

$$\bar{k}=\frac{1}{2}(k'+k'') \qquad (2-12-6)$$

如果得到的 k' 和 k'' 数值一样(即两者之差不超过测量误差的范围),说明(2-12-5)式中 T 与 m 的关系是成立的。将平均值 $\bar{k}$ 代入(2-12-5)式,得

$$m_{0i}=\frac{\bar{k}T_i^2}{4\pi^2}-m_i \quad (i=1,\cdots,4) \tag{2-12-7}$$

$$\bar{m}_0=\frac{1}{4}\sum_{i=1}^{4}m_{0i} \tag{2-12-8}$$

平均值 $\bar{m}_0$ 就是弹簧的有效质量。

2. 用图示法处理数据

以 T_i^2 为纵坐标，m_i 为横坐标，作 $T_i^2-m_i$ 图，得一直线，其斜率为$\frac{4\pi^2}{k}$，截距为$\frac{4\pi^2}{k}m_0$，由此可求出 k 和 m_0。

六、思考与讨论

仔细观察，可以发现滑块的振幅是不断减小的，那么为什么还可以认为滑块是做简谐振动？实验中应如何尽量保证滑块做简谐振动？

2.13 液体表面张力系数的测定

凡作用于液体表面，使液体表面积缩小的力即为液体表面张力，它是表征液体性质的一个重要参数，最早于1751年由匈牙利物理学家锡格涅提出来。生活中许多涉及液体的物理现象都与液体表面张力有关，如常见的球状晨露、小昆虫在水面上的自由行走、毛细现象、液体与固体接触的浸润与不浸润现象等。因此，测量液体表面张力系数对于科学研究和实际应用都具有重要意义。

测定表面张力系数的方法有很多，包括拉脱法、毛细管法、气泡最大压力法、旋转滴法、滴重计法等。其中拉脱法由于实验原理简单、操作方便，使用广泛。

本实验采用示波器实时采集实验数据，通过图形化的方式完整地观测吊环在液面拉脱前后受力的变化情况，更清楚准确地了解拉脱法测量液体表面张力系数的原理。

一、实验目的

1. 研究输入电压恒定时，力传感器输出电压与拉力的关系，计算力传感器的灵敏度。

2. 观察液面变化和计算机界面图形的变化情况，准确确定拉脱点及测定表面张力大小。

3. 测量水的表面张力系数。

4. 测量其他多种液体的表面张力系数(选做)。

二、实验仪器

ZKY-PMC0100 型液体表面张力系数测定仪，组成如图 2-13-1 所示。

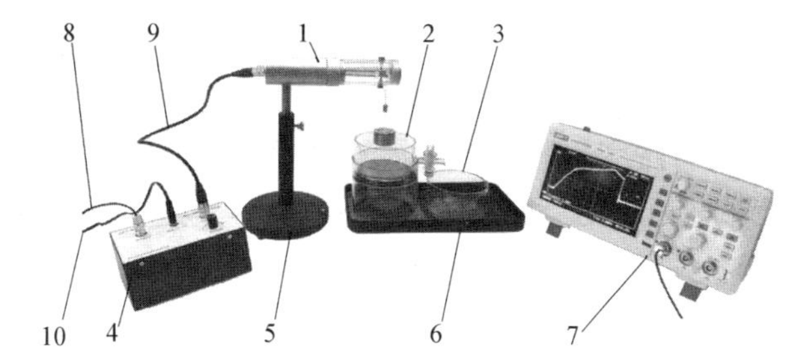

1—力传感器支架；2—测试杯；3—接液杯；4—数据采集器；5—升降支架；
6—底盘；7—示波器；8—同轴线；9—连接线；10—电源线

图 2-13-1 ZKY-PMC0100 型液体表面张力系数测定仪

三、实验原理

1. 液体表面张力

如图 2-13-2 所示，液体内部的每一个分子周围都被同类的其他分子包围，所以它所受到的分子之间的相互作用力的合力为零。而液体表面层(其厚度等于分子的作用半径，约 10^{-8} cm 左右)内的分子，其上层空间的分子对它的吸引力小于液体内部的分子对它的吸引力，所以该分子所受合力不为零，其合力方向垂直指向液体内部。为了达到新的平衡，在平行于新表面的方向产生了一种张紧的作用力，结果导致液体表面具有收缩的趋势，这种收缩力被称为**表面张力**。

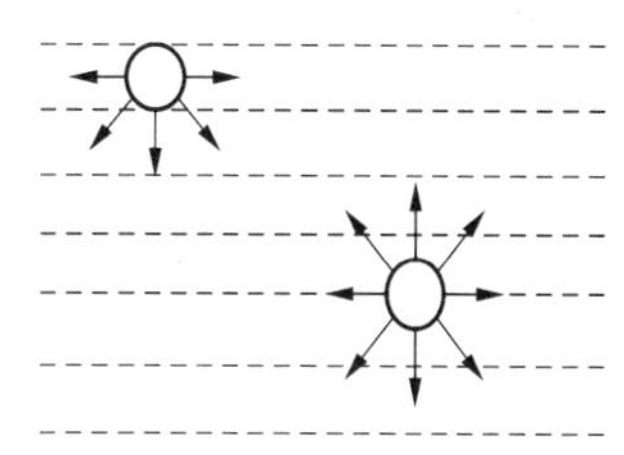

图 2-13-2 液体表面张力示意图

液体表面张力实质上是分子间相互作用的宏观表现，是存在于液体表面上任何一条分界线两侧的液体的相互作用拉力，其方向沿液体表面，且恒与分界线垂直，大小与分界线的长度成正比，即

$$f=\alpha L \tag{2-13-1}$$

式中：α 称为液体的表面张力系数，单位为 N/m，在数值上等于单位长度上的表面张力。实验证明，表面张力系数大小与液体的温度、浓度、种类和界面处两相物质的性质有关。

2. 拉脱法测表面张力系数

将内径为 D_1、外径为 D_2 的金属吊环悬挂在力敏传感器上，然后把它浸入盛有液体的器皿中。当吊环缓慢地远离液面时，吊环与液面之间会产生一个水柱。图 2-13-3 为吊环的受力分析图。

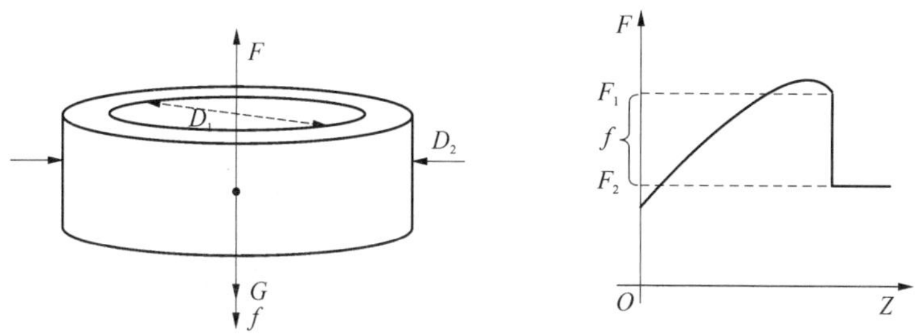

图 2-13-3 吊环的受力分析图(左)和拉力-位移关系曲线(右)

由于水柱表面张力 f，水柱的重力的作用，随着水柱拉高，传感器受到的拉力也会逐渐增加，此后拉力将在达到最大值后有一定减小，最后再拉断的过程（如图 2-13-3），这是因为在上拉过程中附着在吊环上的水比较多，液膜拉出水面后，附着在吊环上的水慢慢向下流，直到拉断，因此会出现拉力逐渐增加到最大，然后减小，最后拉断的过程。在拉断前后瞬间，传感器受到的拉力 F_1、F_2 的大小分别为

$$F_1 = G + f \qquad (2-13-2)$$
$$F_2 = G$$

式中：G 表示吊环与附着在其上的水的总重力。故表面张力 f 的大小等于吊环拉脱瞬间传感器上受到的拉力差：

$$f = F_1 - F_2 \qquad (2-13-3)$$

由于水柱有内外两个液面，且两液面的直径与吊环的内外径相同，由(2-13-1)式可得表面张力：

$$f = \alpha\pi(D_1 + D_2) \qquad (2-13-4)$$

所以，得液体表面张力系数：

$$\alpha = \frac{F_1 - F_2}{\pi(D_1 + D_2)} \qquad (2-13-5)$$

3. 力敏传感器

本实验所用力敏传感器是电阻应变片式力敏传感器，以电压输出显示。当力敏传感器所受拉力为 F 时，电压示数为 U，二者间存在以下线性关系：

$$U = SF + U_0 \qquad (2-13-6)$$

式中：S 表示力敏传感器的灵敏度，单位 V/N。

吊环拉断液柱的前一瞬间，传感器受到的拉力为 F_1，电压示数为 U_1；拉断后，传感器受到的拉力为 F_2，电压示数为 U_2，结合(2-13-5)式、(2-13-6)式，则有

$$\alpha = \frac{U_1 - U_2}{\pi S(D_1 + D_2)} \qquad (2-13-7)$$

显然，若已知力敏传感器的灵敏度 S，测出拉环的内外径(D_1、D_2)，再测出吊环拉脱瞬间电压示数差，代入(2-13-7)式，即可求出液体的表面张力系数。

四、实验步骤

1. 实验前的准备

(1) 测试前，用洗涤剂和自来水充分清洗吊环内外壁（含底部环状截面）、测试杯内壁（含出水口）、接液杯内壁及边缘，清洗干净后严禁用手直接接触吊环（细绳及磁钢除外）、测试杯和接液杯的内壁及边缘（注意：洗涤剂必须被充分清洗掉，否则影响实验结果）。

注意：下面的实验过程中严禁对力传感器施加超过30 g力！

(2) 待测试杯、接液杯内壁晾干后置于底盘上。关闭测试杯上的阀门，将液体小心倒入测试杯中，直到液面略低于测试杯顶部(确保液体不溢出)。等待20 min，待测液体与环境温度近似一致。期间待放置砝码的吊环上表面晾干，然后用镊子小心将吊环吸附在力传感器的细绳上，并用镊子以轻触吊环外壁的方式，保持吊环相对稳定不晃动(严禁用手直接接触吊环)，此时吊环底部近似水平(注意：此时不要把底盘放置在吊环下方，目的是避免后续实验中挂砝码时砝码滑落水中)。

(3) 用连接线正确连接数据采集器与实验装置、数据采集器与示波器CH1通道(此处以RIGOL公司的DS1102E数字存储示波器的CH1通道为例)，然后给示波器、数据采集器上电预热10 min。

2. 研究输入电压恒定时，力传感器输出电压与拉力的关系，计算力传感器的灵敏度

(1) 将示波器CH1通道垂直档位(VERTICAL区的POSITION旋钮)的灵敏度设为“200 mV/div”(div表示格，即一个大格，下同)，水平档位(HORIZONTAL区的POSITION旋钮)的灵敏度设为“200 ms/div”，耦合类型设为“直流”，测量显示“平均值”，采样获取方式为“普通”，按下垂直档位旋钮使垂直位置归零，然后调节垂直位置(VERTICAL区的SCALE旋钮)，使CH1电压零位在屏幕中央下方2～3 div。

(2) 若CH1电压信号为0，则顺时针旋转测试盒上的零点调节旋钮；若CH1电压信号大于1 000 mV，则逆时针旋转该旋钮，直到电压信号显示在800～1 000 mV范围，此后整个实验过程中不再调节该旋钮。然后调节垂直位置，使得信号尽量显示在屏幕最下方(距底部的距离≤0.5 div，即半格)。待信号稳定，在表2-13-1中记录该电压值(单位为V，下同)，此时未加砝码，故砝码质量为0 g。

(3) 用镊子夹取一个砝码(每个砝码的标称质量均为0.500 g)放在吊环上部的凹槽内，待示波器上信号稳定，记录该电压值，以及凹槽内砝码的总质量。

(4) 重复上一步骤，直到凹槽内放置6个砝码(注意：砝码需要对称放置，防止吊环倾覆)。

(5) 用镊子从吊环上部的凹槽内夹取出一个砝码放在砝码盒内，待示波器上信号稳定，再次记录电压值，以及凹槽内砝码的总质量。

(6) 重复上一步骤，直到凹槽内没有砝码(注意：砝码需要对称取下，防止吊环倾覆)。

(7) 对每个质量为m下的两次电压取平均值U后，绘制$U-m$关系曲线，线性拟合后得到的直线斜率即为力传感器的灵敏度S(单位为V/g)。

3. 测量室温下液体的表面张力系数

(1) 将放置了测试杯和接液杯的底盘移至吊环下方，使吊环大致(偏差±2 cm)处于测试杯中心位置(可连同调节升降高度来实现)。然后缓慢降低吊环高度，直到吊环下端约一半高度浸入液体后再升高吊环高度，直到完全拉出液面(注意：不能使吊环整体浸入液体，也不能让吊环上的孔被堵)，这样反复升降3次后，将吊环下端约四分之一浸入液体。

(2) 按下垂直档位旋钮使CH1垂直位置快速归零。待信号大致稳定后调节垂直位

置(VERTICAL 区的 SCALE 旋钮),使得信号显示在距屏幕底部(2.0±0.5)div 的位置。

(3) 按下水平档位旋钮使 CH1 水平位置快速归零。调节水平档位的灵敏度设为"5 s/div",待信号大致稳定后调节水平位置(HORIZONTAL 区的 SCALE 旋钮),使得信号的起始位置在屏幕最左方。

(4) 待信号稳定,按下示波器右上角的"RUN/STOP"键暂停,然后完全打开测试杯上的阀门,紧接着(3 秒内)立即按下"RUN/STOP"键运行。此后,仪器周围应避免大的振动(尤其在拉脱前后±3 秒内)。

(5) 待拉脱后,信号大致稳定,及时按下一次或连续按下两次"RUN/STOP"键,待屏幕显示暂停。然后及时关闭阀门,并将接液杯中的水沿着杯壁缓慢倒入测试杯中,避免倒在吊环上部的凹槽内(注意:只按一次"RUN/STOP"键,示波器会待一屏显示完后示波器会自动暂停,连续按两次"RUN/STOP"键,示波器屏幕显示会立即暂停)。

(6) 调节水平位置,使信号的拉脱位置(即陡降)在屏幕中间附近。再调节水平档位为"200 ms/div"。最后再微调水平位置,使得拉脱前及拉脱后的稳定端处于屏幕中。

(7) 按下示波器的"Cursor"键,将光标模式设为"手动",光标类型设为"Y",信源选择"CH1"。然后将光标 A 移动到拉脱前的高度 U_2,将光标 B 移动到拉脱后稳定时的高度 U_1,在表 2-13-2 中记录两电压值并计算二者之差 $\Delta U=U_2-U_1$。然后按下"RUN/STOP"键运行。

(8) 重复步骤(3)~(6),进行下一组测量,一直测量 6 组有效数据,待后续分析(注意:所谓"有效"是指不存在明显的先后拉脱情况,实验过程中待测液体未引入能引起张力大小明显改变的物质。若出现这种情况,需要重新清洗测试杯、接液杯以及吊环,并重做"测量室温下液体的液体表面张力系数"实验)。

(9) 实验完成,待吊环晾干后放入收纳盒,砝码盒及镊子也放入收纳盒,断开各电源,收纳连接线。若测试杯中盛装液体长期不用可倒掉或另作他用。

(10) 根据(2-13-8)式计算本次测量的纯水的液体表面张力系数:

$$\alpha=\frac{g\,\overline{\Delta U}}{\pi S(D_1+D_2)} \tag{2-13-8}$$

式中:$\overline{\Delta U}=\frac{1}{n}\sum_{i=1}^{n}\Delta U_i$;重力加速度 g 取 9.80 m/s^2;吊环内径 D_1 为 0.033 5 m;吊环外径 D_2 为 0.035 5 m。

五、数据记录与处理

表 2-13-1　研究输入电压恒定时,力传感器输出电压与拉力的关系,计算力传感器的灵敏度

砝码个数	0	1	2	3	4	5	6
砝码质量 m /g							
加砝码过程输出电压/V							
减砝码过程输出电压/V							
平均输出电压 U/V							

表 2-13-2 测量室温下液体表面张力系数

吊环:内径 $D_1=0.0335$ m;外径 $D_2=0.0355$ m;重力加速度 $g=9.80$ m/s^2

序号	1	2	3	4	5	6
拉脱前电压 U_2/V						
拉脱后电压 U_1/V						
$\Delta U=U_2-U_1$/V						

故待测液体的表面张力系数为

$$\alpha=\frac{\Delta U}{\pi S(D_1+D_2)}$$

六、思考与讨论

请分析本实验的实验误差来源,给出如何减少本实验误差的建议。

第3章　热学实验

3.1　空气比热容比测量方法的研究

一、实验目的

1. 用绝热膨胀法测定空气的比热容比。
2. 用振动法测定空气的比热容比。
3. 观测热力学过程中状态变化及基本物理规律。
4. 学习气体压力传感器和数字温度传感器的使用。

二、实验仪器

YJ－RZT－1数字智能化热学综合实验平台，游标卡尺，物理天平，空气比热容比实验装置，压力传感器连接电缆线，数字温度计连接电缆，微型气泵，有机玻璃管，打气球。

三、预习思考

1. 什么是气体的比热容比？
2. 绝热膨胀法和振动法的区别？

四、实验原理

1. 绝热膨胀法测定空气的比热容比

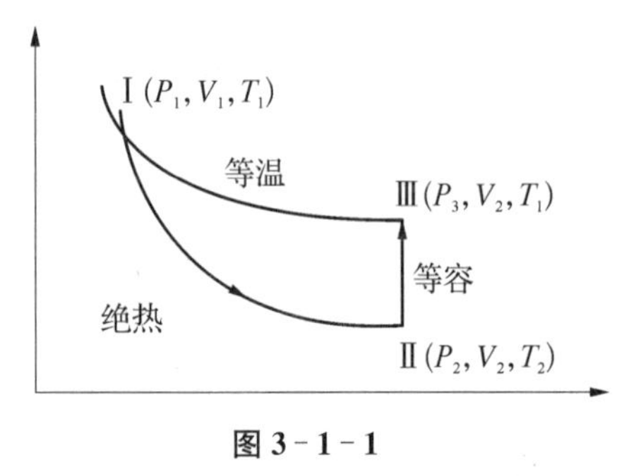

图3－1－1

若以比大气压 P_a 稍高的压力 P_1 向容器内压入适量的空气，并以与外部环境温度 T_1 相等的单位质量的气体体积（称为比体积或比容）作为 V_1，用图3－1－1中的Ⅰ(P_1,V_1,T_1)表示这一状态。然后急速打开阀门，即令其绝热膨胀，降至大气压力为 P_a，并以Ⅱ(P_2,V_2,T_2)表示该状态。由于是绝热膨胀，$T_2<T_1$，所以若再迅速关闭阀门并放置一段时间，则系统将从外界吸收热量且温度升高至

T_1。因为吸热过程中体积(比容)V_2 不变,所以压力将随之增加为 P_3,即系统又变至状态Ⅲ(P_3,V_2,T_1)。因状态Ⅰ至状态Ⅱ的变化是绝热的,故满足泊松公式:

$$P_1 V_1^{\gamma} = P_a V_2^{\gamma} \tag{3-1-1}$$

式中:r 为空气的比热容比。

而状态Ⅲ与状态Ⅰ是等温的,所以满足玻意耳定律,即

$$P_1 V_1 = P_3 V_2 \tag{3-1-2}$$

由(3-1-1)及(3-1-2)式消去 V_1、V_2 可解得

$$\gamma = \frac{\ln P_1 - \ln P_a}{\ln P_1 - \ln P_3} \tag{3-1-3}$$

可见,只要测得 P_1、P_a 及 P_3,就可求出 γ。

如果用 ΔP_1、ΔP_3 分别表示 P_1、P_3 与大气压强 P_a 的差值,则有

$$P_1 = P_a + \Delta P_1, P_3 = P_a + \Delta P_3 \tag{3-1-4}$$

将(3-1-4)式代入(3-1-3)式,并考虑到 $P_a \gg \Delta P_1 \gg \Delta P_3$,则

$$\ln P_1 - \ln P_a = \ln \frac{P_1}{P_a} = \ln\left(1 + \frac{\Delta P_1}{P_a}\right) \approx \frac{\Delta P_1}{P_a}$$

$$\begin{aligned}\ln P_1 - \ln P_3 &= (\ln P_1 - \ln P_a) - (\ln P_3 - \ln P_a) \\ &= \ln\left(1 + \frac{\Delta P_1}{P_a}\right) - \ln\left(1 + \frac{\Delta P_3}{P_a}\right) \approx \frac{\Delta P_1}{P_a} - \frac{\Delta P_3}{P_a}\end{aligned}$$

所以

$$\gamma = \Delta P_1 / (\Delta P_1 - \Delta P_3) \tag{3-1-5}$$

同样,只要用压力计测得实验过程中 P_1、P_3 与 P_a 的压力差 ΔP_1、ΔP_3,即可通过(3-1-5)式求出空气的比热容比 γ。

2. 振动法测定空气的比热容比

振动物体小球的直径比细管直径略小。它能在管中上下移动,细管的截面积为 A,气体由进气阀注入容器中,容器的容积为 V。

小球的质量为 m,半径为 r,当容器内压力 P 满足 $P = P_L + mg/A$,式中 P_L 为大气压力时,小球处于力平衡状态。为了补偿由于空气阻尼引起振动物体振幅的衰减,通过进气阀一直注入一个小气压的气流,在精密的细管中央开设一个小孔。当振动物体处于小孔下方的半个振动周期时,注入气体使容器的内压力增大,引起物体向上移动,而当物体处于小孔上方的半个振动周期时,容器内的气体将通过小孔流出,使物体下沉。以后重复上述过程,只要适当控制注入气体的流量,物体能在细管的小孔上下做简谐振动,振动周期可利用光电计时装置来测得。

若物体偏离平衡位置一定距离 x,则容器内的压力变化 $\mathrm{d}P$,物体的运动方程为

$$m\frac{\mathrm{d}^2x}{\mathrm{d}t}=-A\,\mathrm{d}P \tag{3-1-6}$$

因为物体振动过程相当快,所以可以看作绝热过程,绝热方程为

$$PV^r=常数 \tag{3-1-7}$$

于是有

$$m\frac{\mathrm{d}^2x}{\mathrm{d}t^2}=-\frac{\gamma PA^2}{V}x,\quad T=2\pi\sqrt{\frac{mV}{\gamma PA^2}} \tag{3-1-8}$$

或比热容比为

$$\gamma=\frac{4\pi^2mV}{PA^2T^2} \tag{3-1-9}$$

式中各量均可方便测得,因而可算出 γ 值。

由气体运动论可以知道,γ 值与气体分子的自由度数有关,对单原子气体(如氩)只有三个平均自由度,双原子气体(如氢)除上述 3 个平均自由度外还有 2 个转动自由度。对多原子气体,则具有 3 个转动自由度,比热容比 γ 与自由度 f 的关系为 $\gamma=\frac{f+2}{f}$。

理论上得出:

单原子气体(Ar,He)　　$f=3$,　　$\gamma=1.67$;

双原子气体(N_2,H_2,O_2)　　$f=5$,　　$\gamma=1.40$;

多原子气体(CO_2,CH_4)　　$f=6$,　　$\gamma=1.33$。

以上与温度无关。

五、实验步骤

1. 绝热膨胀法测定空气的比热容比

(1) 用电缆线和导线连接好实验装置,温度传感器电缆与 YJ-RZT-1 数字智能化热学综合实验平台仪器面板上测温电缆座连接;压力传感器电缆与 YJ-RZT-1 数字智能化热学综合实验平台仪器面板上测压电缆座连接。

(2) 打开出气阀;调节 YJ-RZT-1 数字智能化热学综合实验平台仪器面板上压力"调零"钮,使压表所示压强差值为零。

(3) 关闭出气阀,挤压打气球,向容器内压入适量的空气(压强差值不应超过 12 kPa),压强为 P_1,观察温度、压强差的变化,记录此状态Ⅰ(P_1,V_1,T_1)的 ΔP_1、T_1 值。

(4) 打开出气阀,即令其绝热膨胀,降至大气压强 P_a,变为状态Ⅱ(P_a,V_2,T_2)。由于是绝热膨胀,$T_2<T_1$,再迅速关闭阀门并放置一段时间,则系统温度将升至 T_1,压强将随之增加为 P_3,其状态为Ⅲ(P_3,V_2,T_1),记录此状态时的 ΔP_3、T_1 值。

(5) 根据(3-1-5)式,即可求出空气的比热容比。

(6) 复重以上步骤进行多次测量(如 8 次),求平均值。

2. 振动法测定空气的比热容比

(1) 拔掉打气球，连接好微型气泵，将装有钢球的细管插入出气阀。

(2) 打开进气阀、出气阀，接通气泵电源，待储气瓶内注入一定压力的气体后，玻璃管中的钢球离开弹簧，向管子上方移动。此时应调节好进气的大小，使钢球在玻璃管中以小孔为中心上下振动，振幅约为 10 cm。

(3) 反复按“功能”键至计时表精度为 0.01 s，再按“启动”键开始计时，数出 50 个周期时再按“启动” 键停止计时，计时表显示的数字为振动 50 次所需的时间 t。重复测量 8 次，计算振动周期 $T(T=t/50)$。

(4) 用游标卡尺和物理天平分别测出细管的内径 d 和小球的质量 m。

(细管的内径 $d=9.00$ mm；$m=2.71$ g)

(5) 测量容器的容积为 $V(V=0.008\,840\ \mathrm{m}^3)$。

(6) 求 $P=P_L+mg/A(P_L=1.013\times10^5\ \mathrm{Pa}, A=6.36\times10^{-5}\ \mathrm{m}^2)$。

(7) 求空气比热容比 $\gamma=4mV\pi^2/(PA^2T^2)$。

六、注意事项

1. 向容器内压入空气时，压强差值不应超过 12 kPa。

2. 实验步骤 1(4)中打开出气阀放气时，当听到放气声将结束时应迅速关闭出气阀，提早或推迟关闭出气阀，都将影响实验要求，引入误差。由于数字电压表尚有滞后显示，如用计算机实时测量，发现此放气时间约零点几秒，并与放气声产生和消失很一致，而且关闭也需要零点几秒的时间，所以关闭出气阀用听声更可靠些。

3. 实验要求环境温度基本不变，如发生环境温度不断下降的情况，可在远离实验仪适当位置加温，以保证实验正常进行。

七、数据记录与处理

1. 绝热膨胀法

测量次数	ΔP_1	T_1	ΔP_2	T_1	γ	$\bar{\gamma}$
1						
2						
3						
4						
5						
6						
7						
8						

2. 振动法

测量次数	t(50 个周期)	T	$\overline{T}$
1			
2			
3			
4			
5			
6			
7			
8			

$d=$ ________ mm，$m=$ ________ g，$V=$ ________ m^3。

先求 $P=P_L+mg/A$，再求空气比热容比 $\gamma=4mV\pi^2/(PA^2T^2)$。

八、思考与讨论

1. 试推导公式 $\gamma=\Delta P_1/(\Delta P_1-\Delta P_3)$。
2. 试分析该实验的误差来源。
3. 实验操作过程中要注意哪些事项?

3.2　非良导体热导率的测量

导热系数(又称热导率)是反映材料热性能的重要物理量，它表明材料在单位长度单位时间内温度每变化 1 ℃时可以传送的热量(W/(cm·K))。热导率是热交换的三种(热传导、对流和辐射)基本形式之一，是工程热物理、材料科学、固体物理及能源、环保等各个研究领域的重要课题。材料的导热机理在很大程度上取决于它的微观结构，热量的传递依靠原子、分子围绕平衡位置的振动以及自由电子的迁移，在金属中电子流起支配作用，在绝缘体和大部分半导体中则以晶格振动起主导作用。在科学实验和工程设计中，所用材料的导热系数都需要用实验的方法精确测定。

一、实验目的

1. 了解热传导现象的物理过程。
2. 学习用稳态平板法测量非良导体的导热系数。
3. 学习用图示法求冷却速率。

二、实验仪器

YJ-RZT-1 数字智能化热学综合实验平台，恒温加热盘 C，待测材料，胶木垫板，温度传感器，底座，游标卡尺，电子天平。

热导率测量的实验装置如图 3-2-1 所示。

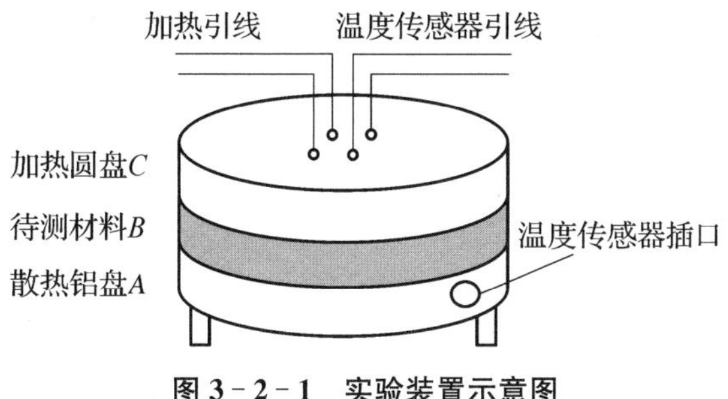

图 3-2-1 实验装置示意图

三、预习思考

1. 非良导体的热导率是什么？有什么用途？
2. 有没有其他方法求冷却速率？

四、实验原理

测量的方法可以分为两大类：稳态法和瞬态法，本实验采用的是稳态平板法测量非良导体的导热系数。

当物体内部有温度梯度存在时，就有热量从高温处传递到低温处，这种现象被称为"热传导"。傅立叶指出，在 dt 时间内通过 dS 面积的热量 dQ，正比于物体内的温度梯度，其比例系数是导热系数，即

$$\frac{dQ}{dt}=-\lambda\frac{dT}{dx}dS \tag{3-2-1}$$

(3-2-1)式中$\frac{dQ}{dt}$为传热速率；$\frac{dT}{dx}$是与面积 dS 相垂直的方向上的温度梯度；"—"号表示热量由高温区域传向低温区域；λ 是导热系数，表示物体导热能力的大小，在 SI 中 λ 的单位是 $W\cdot m^{-1}\cdot K^{-1}$。对于各向异性材料，各个方向的导热系数是不同的(常用张量来表示)。

如图 3-2-2 所示，设样品为一平板，维持上下平面有稳定的温度 T_1 和 T_2(侧面近似绝热)，稳态时通过样品的传热速率为

$$\frac{dQ}{dt}=\lambda\frac{T_1-T_2}{h_B}S_B \tag{3-2-2}$$

式中：h_B 为样品厚度；$S_B=\pi R_B^2$ 为样品上表面的面积；T_1-T_2 为上、下平面的温度差；λ 为导热系数。

在实验中，要降低侧面散热的影响，就要减小 h。因为待测平板上下平面的温度 T_1 和 T_2 是用加热圆盘 C 的底部和散热铝盘 A 的温度来代表，所以就必须保证样品与圆盘 C 的底部和铝盘 A 的上表面密切接触。

实验时，在稳定导热的条件下(T_1 和 T_2 值恒定不变)，可以认为通过待测样品 B 盘

的传热速率与铝盘 A 向周围环境散热的速率相等。因此，可以通过 A 盘在稳定温度 T_2 附近的散热速率$\frac{\mathrm{d}T}{\mathrm{d}t}$，求出样品的传热速率$\frac{\mathrm{d}Q_{加}}{\mathrm{d}t}$。

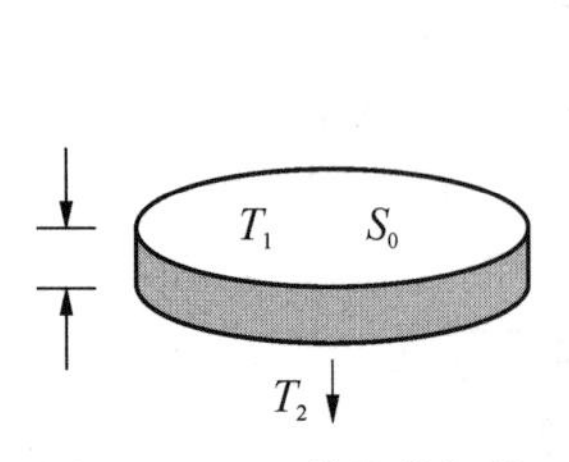

图 3-2-2　样品的温差

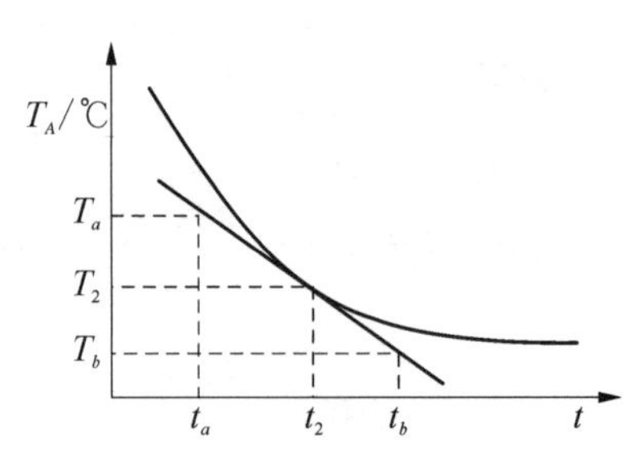

图 3-2-3　铝盘 A 的冷却曲线

在读取稳态时的 T_1 和 T_2 之后，拿走样品 B，让 A 盘直接与加热盘 C 底部的下表面接触，加热铝盘 A，使 A 盘温度上升到比 T_2 高 5 ℃左右。再移去加热盘 C，停止加热，让铝盘 A 通过外表面直接向环境散热(自然冷却)。当 T_A 降至比 T_2 高 5 ℃时开如计时，并读数 T_A，每隔 30 秒测一次温度 T_A，直到 T_A 低于 T_2 约 5 ℃时止。然后以时间 t 为横坐标，以 T_A 为纵坐标，做 A 的冷却曲线如图 3-2-3 所示。过曲线上的点(t_2，T_A)作切线，则此切线的斜率就是 A 在 T_2 时的自然冷却速率

$$\frac{\mathrm{d}T}{\mathrm{d}t}=\frac{T_a-T_b}{t_a-t_b} \tag{3-2-3}$$

对于铝盘 A，在稳态传热时，其散热的外表面积为 $\pi R_A^2+2\pi R_A h_A$；移去加热盘 C 后，A 盘的散热外表面积为 $2\pi R_A^2+2\pi R_A h_A=2\pi R_A(R_A+h_A)$。考虑到物体的散热速率与它的散热面积成比例，所以有

$$\frac{\mathrm{d}Q}{\mathrm{d}t}=\frac{\pi R_A(R_A+2h_A)}{2\pi R_A(R_A+h_A)}\cdot\frac{\mathrm{d}Q_{加}}{\mathrm{d}t}=\frac{R_A+2h_A}{2R_A+2h_A}\cdot\frac{\mathrm{d}Q_{加}}{\mathrm{d}t} \tag{3-2-4}$$

式中：R_A 和 h_A 分别为 A 盘的半径和厚度。

根据热容的定义，对温度均匀的质量为 m，比热容为 c 的物体，有

$$\frac{\mathrm{d}Q_{加}}{\mathrm{d}t}=mc\,\frac{\mathrm{d}T}{\mathrm{d}t} \tag{3-2-5}$$

对应铝盘 A，就有$\frac{\mathrm{d}Q_{加}}{\mathrm{d}t}=m_{铝}\,c_{铝}\frac{dT}{dt}$，$m_{铝}$ 和 $c_{铝}$ 分别为 A 盘的质量和比热容，将此式代入(3-2-4)式中，有

$$\frac{\mathrm{d}Q}{\mathrm{d}t}=m_{铝}\,c_{铝}\frac{R_A+2h_A}{2(R_A+h_A)}\cdot\frac{\mathrm{d}T}{\mathrm{d}t} \tag{3-2-6}$$

比较(3-2-6)式和(3-2-2)式，便得出导热系数和公式

$$\lambda=\frac{m_{铝}\,c_{铝}\,h_B(R_A+2h_A)}{2\pi R_B^2(T_1-T_2)(R_A+h_A)}\cdot\frac{\mathrm{d}T}{\mathrm{d}t} \tag{3-2-7}$$

式中$m_{铝}$、h_B、R_A、R_B、h_A、T_1和T_2都可以由实验测量出准确值；$c_{铝}$为已知常数，$c_{铝}=0.904\ \mathrm{J/(g\cdot ℃)}$，因此，只要求出$\frac{\mathrm{d}T}{\mathrm{d}t}$，就可求出导热系数$\lambda$。

五、实验步骤

1. 用游标卡尺测出待测板B的直径$2R_B$和厚度h_B，以及A的直径$2R_A$和厚度h_A，测量散热盘A盘的质量m_{AL}。

2. 建立稳恒态

(1) 安装好实验装置，连接好电缆线，打开电源开关，“测量选择”开关旋至“设定温度”档，调节“设定温度粗选”和“设定温度细选”钮，选择设定C盘加热为所需的温度(如60.0 ℃)。

(2) 将“测量选择”开关拔向“上盘温度”档，打开加热开关，观察C盘温度的变化，直至C盘温度恒定在设定温度(如60.0 ℃)。

(3) 再将“测量选择”开关拔向“下盘温度”档，观察A的温度变化，若每分钟的变化$\Delta T_A \leqslant 0.1$ ℃，则可认为达到稳恒态。记下此时的A和C的温度T_2和T_1。时间测量：按动“启动”钮一下，即开始计时；再按动“启动”钮一下即暂停计时；按动“复位”钮，即归零。

3. 测A盘在T_2时的自然冷却速度

在读取稳态时的T_1和T_2之后，拿走样品B，让A盘直接与加热盘C底部的下表面接触，加热铝盘A，将设定温度调到70.0 ℃，使A盘温度上升到比T_2高6 ℃左右。再移去加热盘C，关闭加热开关，“测量选择”开关拔向“下盘温度”档，让铝盘A通过外表面直接向环境散热(自然冷却)，每隔30秒记下相应的温度值，做出A的冷却曲线，求出A盘在T_2附近的冷却速率$\mathrm{d}T/\mathrm{d}t$。

根据(3-2-7)式求出待测材料的导热系数λ。

六、数据记录与处理

$2R_B$/mm	h_B/mm	$2R_A$/mm	h_A/mm	m_{AL}/g

时间 t/s	0	30	60	90	120	150	…
温度 T/℃							

1. 描绘$T-t$图像，求出其在T_2点处的切向斜率K，其大小即为$\mathrm{d}T/\mathrm{d}t$。

2. 代入公式计算λ。

七、思考与讨论

1. 测导热系数λ要满足哪些条件？在实验中如何保证？

2. 测冷却速率时，为什么要在稳态温度T_2附近选值？如何计算冷却速率？

3.3 金属线胀系数的测量

绝大多数物质具有“热胀冷缩”的特性，这是由于物体内部分子热运动加剧或减弱造成的。这个性质在工程结构的设计中，在机械和仪表的制造中，在材料的加工(如焊接)中都应考虑到，否则将影响结构的稳定性和仪表的精度。如果考虑失当，甚至会造成工程结构的毁损，仪表的失灵以及加工焊接中的缺陷和失败等。

固体材料的线膨胀是材料受热膨胀时，在一维方向上的伸长。线胀系数是选用材料的一项重要指标，在研制新材料中，测量其线胀系数更是必不可少的。

一、实验目的

1. 学习测量不同金属热膨胀系数。
2. 分析影响测量精度的各种因素。

二、实验仪器

金属热膨胀系数实验仪，待测金属棒，恒温加热器及电缆线。

三、预习思考

1. 什么是金属的线胀系数？测量金属线胀系数有哪些常用方法？
2. 千分表的读数原理是什么？

四、实验原理

定义：在一定的温度范围内，固体金属受热时温度每升高一度，它在一维方向上的相对伸长量(伸长的比例系数)即为金属的线胀系数。

原理：在一定的温度范围内，原长为 L 的物体，受热后其伸长量 ΔL 与其温度的增加量 ΔT 近似成正比，与原长 L 亦成正比，即 $\Delta L=\alpha L\Delta T$。

$$\alpha=\frac{\Delta L}{L\Delta T} \tag{3-3-1}$$

式中：比例系数 α 称为固体的线胀系数。

特性：大量实验表明，不同材料的线胀系数不同(表 3-3-1)，塑料的线胀系数最大，金属次之，殷钢、熔凝石英的线胀系数很小。殷钢和石英的这一特性在精密测量仪器中有较多的应用。

表 3-3-1　几种材料的线胀系数

材　　料	铜、铁、铝	普通玻璃、陶瓷	殷　钢	熔凝石英
α 数量级	$\times10^{-5}$(℃)$^{-1}$	$\times10^{-6}$(℃)$^{-1}$	$<2\times10^{-6}$(℃)$^{-1}$	$\times10^{-7}$(℃)$^{-1}$

实验还发现，同一材料在不同温度区域，其线胀系数也不一定相同。某些合金，在金

相组织发生变化的温度附近，同时会出现线胀量的突变。因此测定线胀系数也是了解材料特性的一种手段。但是在温度变化不大的范围内，线胀系数仍可认为是一常量。

为测量线胀系数，我们将材料做成条状或杆状。由(3-3-1)式可知，测出金属棒室温下的原长 L_0，受热后温度升到 T_1 时长度为 L_1，温度升高到 T_2 时长度为 L_2，求出受热时的伸长量 ΔL 和温度的升高量 ΔT，则该材料在(T_1，T_2)温区的线胀系数为

$$\alpha = \frac{L_2 - L_1}{L_1(T_2 - T_1)} \tag{3-3-2}$$

其物理意义是固体材料在(T_1，T_2)温区内，温度每升高一度时材料的相对伸长量，其单位为$(℃)^{-1}$。

测量线胀系数的主要问题是如何测伸长量 ΔL。我们先粗估算一下 ΔL 的大小，若 $L=500$ mm，温度变化 $T_2 - T_1 \approx 100$ ℃，金属的 α 数量级为 $\times 10^{-5}/℃^{-1}$，估算 $\Delta L = \alpha \cdot L \cdot \Delta T \approx 0.5$ mm。对于这么微小的伸长量，用普通量具如钢尺或游标卡尺是测不准的。可采用千分表(分度值为 0.001 mm)、高精度位移传感器(最小精度为 0.001 mm)、读数显微镜、光杠杆放大法、光学干涉法等方法测量。本实验就用最小精度为 0.001 mm 的位移传感器测量。

五、实验步骤

1. 取下亚克力保护罩，把样品空心铜棒安装在最前面的测试架上。

2. 把温度传感器的探头插入到铜管中间的固定孔中，温度传感器的导线连接到底座上，用导线连接到实验仪的温度传感器输入端口。

3. 把位移传感器固定到底座上，导线连接到实验仪的位移传感器输入端口。调节好位移传感器的位置，使其探头大约在其行程的一半位置。

4. 装好亚克力保护罩，打开电源开关。

5. 连接蒸汽发生器的出汽皮管，开启蒸汽发生器，等待蒸汽产生。

6. 蒸汽产生以后，观察实验仪上的温度表，等到温度超过 95 ℃以后，使用调零旋钮，把实验仪上的位移值调到零。

7. 关闭蒸汽发生器，温度开始下降，从 90 ℃开始，每隔 5 ℃或者 10 ℃记录一组温度和位移的数据，并填入表 3-3-2 中，直到 40 ℃时结束。

8. 用逐差法求出温度每升高 5 ℃或 10 ℃金属棒的平均伸长量，由(3-3-2)式即可求出金属棒在(40，90)℃温度区间的线膨胀系数。

六、数据记录与处理

数据记录：测量金属棒有效长度 $L=0.67$ m。

表 3-3-2 温度与位移读数记录表

样品温度/℃	90	80	70	60	50	40
测紫铜棒位移表读数/mm						
测黄铜棒位移表读数/mm						
测铝棒位移表读数/mm						

根据数据作 $\Delta L \sim T$ 图，求直线斜率 m；

(1) 紫铜管：$L=0.67$ m；

直线斜率：$m=\dfrac{\Delta L}{\Delta T}=$________ ($\times 10^{-3}$ m/℃)；

$\alpha=\dfrac{\Delta L}{L\Delta T}=$________ ($\times 10^{-6}$/℃)；

与标准值 17.2×10^{-6}/℃相比的相对误差 $E_r=$________ %。

(2) 黄铜管(H62)：$L=0.67$ m；

直线斜率：$m=\dfrac{\Delta L}{\Delta T}=$________ ($\times 10^{-3}$ m/℃)；

$\alpha=\dfrac{\Delta L}{L\Delta T}=$________ ($\times 10^{-6}$/℃)；

与标准值 20.6×10^{-6}/℃相比的相对误差 $E_r=$________ %。

(3) 铝管：$L=0.67$ m；

直线斜率：$m=\dfrac{\Delta L}{\Delta T}=$________ ($\times 10^{-3}$ m/℃)；

$\alpha=\dfrac{\Delta L}{L\Delta T}=$________ ($\times 10^{-6}$/℃)；

与标准值 23.6×10^{-6}/℃相比的相对误差 $E_r=$________ %。

七、思考与讨论

1. 试分析实验误差的来源并考虑如何减小实验误差？
2. 试分析哪一个量是影响实验结果精度的主要因素？
3. 试举出几个在日常生活和工程技术中应用线胀系数的实例。

3.4 液体比热容的测定

比热容是单位质量的物质温度升高 1 ℃时需吸收的热量，它的测量是物理学的基本测量之一，属于量热学的范畴。量热学在许多领域都有广泛的应用，特别是在新能源的开发和新材料的研制中，量热学的方法是不可缺少的。比热容的测量方法很多，如混合法、冷却法、比较法(用待测比热容与已知比热容比较得到待测比热容的方法)等。本实验用的是电热法测比热容，它是比较法的一种。各种方法各具特点，但就实验而言，由于散热因素很难控制，不管哪种方法实验的准确度都比较低。尽管如此，由于它比复杂的理论计算简单、方便，实验还是具有实用价值的。当然，在实验中进行误差分析，找出减小误差的方法是必要的。每种物质处于不同温度时，具有不同数值的比热容，一般地讲，某种物质的比热容数值多指在一定温度范围内的平均值。

一、实验目的

1. 学习使用热学综合平台。

2. 学习数字温度传感器的原理和使用方法。
3. 用电热法测定液体的比热容。

二、实验仪器

数字智能化热学综合实验平台，待测液体，量热器，温度传感器，电子天平，加热器，纸巾，连接线。

三、预习思考

1. 测量液体比热容通常有哪些方法？
2. 实验操作中如何尽可能减小误差？

四、实验原理

1. 基本原理

孤立的热学系统在温度从 T_1 升到了 T_2 时的热量 Q 与系统内各物质的质量 m_1，m_2…和比热容 c_1，c_2…以及温度变化 T_1-T_2 有如下关系

$$Q=(m_1c_1+m_2c_2+\cdots)(T_2-T_1) \tag{3-4-1}$$

式中：m_1c_1，m_2c_2…是各物质的热容量。

在进行物质比热容的测量中，除了被测物质和可能用到的水外，还会有其他诸如量热器、搅拌器、温度传感器等物质参加热交换。为了方便，通常把这些物质的热容量用水的热容量来表示。如果用 m_x 和 c_x 分别表示某物质的质量和比热容，c_1 表示水的比热容，就有 $m_xc_x=c_1\omega$，式中 ω 是用水的热容量表示该物质的热容量后“相当”的质量，我们把它称为“水当量”。

2. 实验公式

如图 3-4-1 所示，在量热器中装入质量为 M，比热容为 c 的待测液体（如水），当通过电流 I 时，根据焦耳-楞次定律，量热器中电阻产生的热量为

$$Q=IUt \tag{3-4-2}$$

式中：I 为电流强度；U 为电压；t 为通电时间。

如果量热器中液体（包括量热器及其附件）的初始温度为 T_1，在吸收了加热器释放的热量 Q 后，终了的温度为 T_2。设量热器内筒的质量为 m_1，铝量热器内筒的比热容为 c_1，搅拌器和温度传感器等用水当量 ω 表示，水的比热容为 c，则有

$$IUt=(m_1c_1+Mc+\omega c)(T_2-T_1)$$

$$c=\frac{\dfrac{IUt}{T_2-T_1}-m_1c_1}{M+\omega} \tag{3-4-3}$$

铝在 25 ℃时的比热容 c_1 为 0.216 cal·g^{-1}·℃$^{-1}$（0.904 J·g^{-1}·℃$^{-1}$），水在 25 ℃时的比热容 c 为 0.997 0 cal·g^{-1}·℃$^{-1}$（4.173 J·g^{-1}·℃$^{-1}$）。

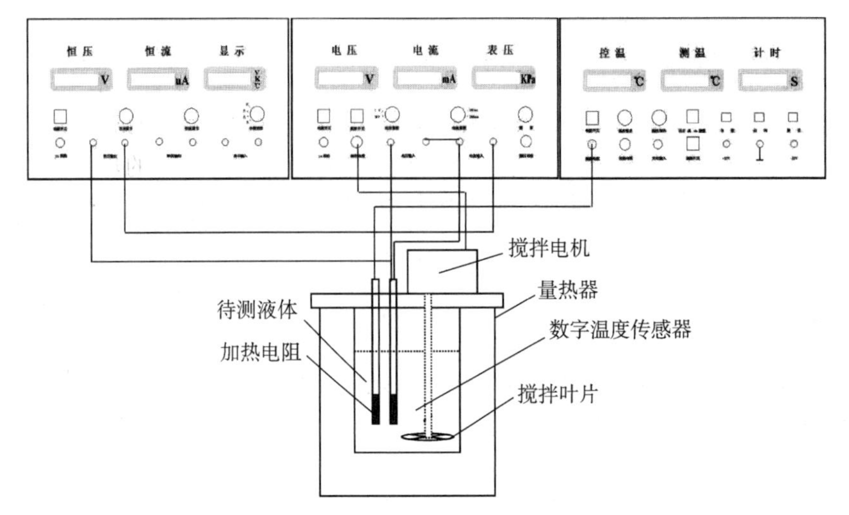

图 3-4-1　测定比热容的实验装置

五、实验步骤

1. 用电子天平称出铝量热器内筒的质量 m_1。

2. 向量热器中加入约 1/2 容器的水，并称出加水后量热器的质量 m_2，则水的质量为 $M=m_2-m_1$。

3. 将测温电缆和搅拌电缆与数字智能化热学综合实验平台面板上对应电缆座连接好。

4. 打开电源开关，如图 3-4-1 所示，调节恒压调节钮，使其恒压输出 10 V 左右。

5. 如图 3-4-1 所示，连接好加热器电路，将测温电缆和搅拌电机电缆与数字智能化热学综合实验平台面板上对应电缆座连接好，安装好搅拌电机、测温探头、加热器。

6. 打开搅拌开关，记录系统温度 T_1。

7. 接上加热电阻的连线，同时按动计时器的“启动”键，加热的同时开始计时，通电 5 分钟，停止加热，断电后仍要继续搅拌，待温度不再升高时，记录其最高温度 T_2。

8. 关闭搅拌开关、电源开关，轻轻拿出温度计、搅拌器、加热器，将量热器内筒的水倒出，备用。

六、注意事项

1. 供电电源插座必须良好接地。

2. 在整个电路连接好之后才能打开电源开关。

3. 严禁带电插拔电缆插头。

4. 仪器加热温度不应超过 50 ℃。

七、数据记录及处理

1. 自拟数据表格记录数据。

2. 按式(3-4-3)求出待测液体的比热容，并与公认值相比较，求出误差。量热器的水当量 ω 由实验室提供(本量热器的水当量 $\omega=$<u>9.16</u> g)。

八、思考与讨论

1. 如果实验过程中加热电流发生了微小波动，是否会影响测量的结果？为什么？

2. 实验过程中量热器不断向外界传导和辐射热量。这两种形式的热量损失是否会引起系统误差？为什么？

3.5 冰的熔化热的测定

一、实验目的

1. 学习使用热学综合实验平台。
2. 掌握基本的量热方法——混合法。
3. 测定冰的熔化热。

二、实验仪器

数字智能化热学综合实验平台，量热器，测温探头，电子天平，小冰块。

1. 用数字智能化热学综合实验平台对冰的熔化热的测定，部分面板如图 3-5-1 所示。

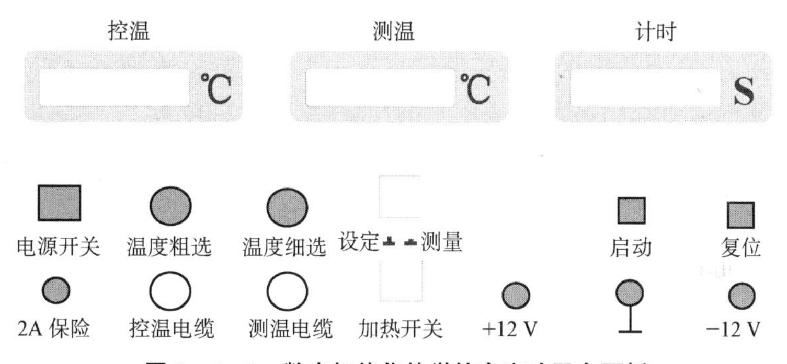

图 3-5-1 数字智能化热学综合实验平台面板

2. 实验装置如图 3-5-2 所示。

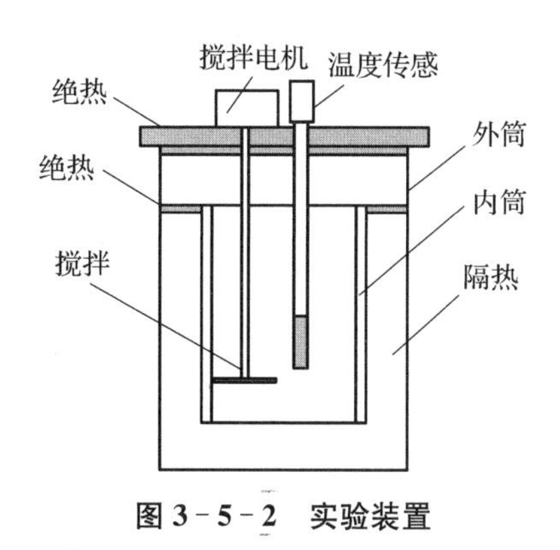

图 3-5-2 实验装置

三、实验原理

在一定的压强下晶体开始熔化的温度叫作晶体在该压强下的**熔点**。单位质量某种晶体熔化成同温度的液体所吸收的热量，叫作该晶体的熔化潜热，又称**熔化热**。如果把质量为 m g 的 0 ℃的冰和 M g T_1℃的水在量热器内筒内混合，使冰全部融化并达到热平衡后的温度 T_2℃。在这个过程中冰必须吸收热量才能使它由冰融化为水，并在熔化为水后温度由 0 ℃上升至 T_2℃。同时，量热器和它所装的水失去了热量，温度由 T_1℃降低到 T_2℃。假定这个过程是在外界绝热的孤立系统中进行，根据热平衡原理，冰融化并上升到 T_2℃所收的热量，应该等于量热器和它所装的水所失去的热量。

设冰融化热为 λ；水的比热为 c；铝量热内筒的比热为 c_1，其质量为 m_1；搅拌器与温度计(设它们是由同种材料做成的)的比热为 c_2，其质量为 m_2。则 $m\lambda + mcT_2$ 即为冰融化为水并由 0 ℃上升至 T_2℃所吸收的热量；$(Mc + m_1c_1 + m_2c_2)(T_1 - T_2)$ 即为量热器和它所装的水由 T_1℃降低到 T_2℃所放出的热量，由此可得

$$m\lambda + mcT_2 = (Mc + m_1c_1 + m_2c_2)(T_1 - T_2)$$

所以

$$\lambda = \frac{(Mc + m_1c_1 + m_2c_2)(T_1 - T_2)}{m} - cT_2 \qquad (3-5-1)$$

在测量中，除了冰和水、铝量热内筒外，还会有其他诸如搅拌器、温度传感器等物质参加热交换。为了方便，通常把这些物质的热容量用水的热容量来表示。如果用 m_x 和 c_x 分别表示某物质的质量和比热容，c 表示水的比热容，就应当有 $m_xc_x = c\omega$，式中 ω 是用水的热容量表示该物质的热容量后"相当"的质量，我们把它称为"水当量"。

所以，(3-5-1)式可写成

$$\lambda = \frac{(Mc + m_1c_1 + m_2c_2 + c\omega)(T_1 - T_2)}{m} - cT_2 \qquad (3-5-2)$$

为了尽可能使系统与外界交换的热量达到最小，在实验的操作过程中就应注意以下几点：① 不应当直接用手去把握量热筒的任何部分；② 不应当在阳光直接照射下进行实验；③ 不在空气流通过快的地方或在火炉旁或暖气旁做实验；④ 由于系统与外界温差越大，在它们之间传递越快；时间越长，传递的热量越多。因此，在进行量热实验时，要尽可能使系统与外界的温差小些，并尽量使实验进行得快些。

四、实验步骤

1. 称出铝量热器内筒质量 m_1。

2. 在量热器中注入一定量的(约 100 g)高于室温 6 ℃左右的水，并称出其质量 m_2，水的质量等于 $M = m_2 - m_1$。

3. 安装好实验装置，温度传感器插头插入测温电缆座，搅拌电机插头插入数字智能化热学综合实验平台搅拌电缆座，打开搅拌开关。

4. 将冰用钳子夹成一些小块，放在多层卫生纸上，并称出其质量 M'（约 20 g）。

5. 用多层卫生纸擦干冰块上的水，待水温下降至比室温高 5 ℃左右时，记下此时的温度 T_1，并立即将这些小块冰加入量热器中（注意：实验的两人要配合得十分好，既要迅速，又要仔细，不要溅出水来）。

6. 称出带水的多层卫生纸质量 m'，则冰块的质量 $m = M' - m'$。

7. 随着冰块的熔化，水的温度将不断下降，其下降速度逐渐变慢，达到某一数值后又开始逐步上升，记录水温下降时的最低温度 T_2。

8. 根据(3-5-2)式求出冰的熔化热 λ。

水在 25 ℃时的比热容 c 为 0.997 0 cal · g^{-1} · ℃$^{-1}$(4.173 J · g^{-1} · ℃$^{-1}$)，铝在 25 ℃时的比热容 c_1 为 0.216 cal · g^{-1} · ℃$^{-1}$(0.904 J · g^{-1} · ℃$^{-1}$)，本实验仪的水当量 ω = 6.05 g（由实验室给出），冰的熔化热标准值 λ = 333.67 J · g^{-1}。

五、实验数据记录及处理

1. 自拟数据表格记录数据。

2. 按(3-5-2)式求出冰的熔化热，并与公认值相比较，求出误差。

六、注意事项

1. 向量热器中加水时，避免将水弄到量水器外表面。

2. 冰块的选择，要挑选表面光洁，没有麻点，透明度好的冰块，不宜太大以免影响搅拌。

3. 投放冰块前应将上面水分迅速除净。

4. 若因冰块太大造成量热器中水温降得太低，使量热器外表产生露珠，或者因冰块太小使混合温度降不到室温以下，要改变冰块大小，重做一次实验。

七、思考与讨论

1. 为了减少系统与外界的热交换，在实验地点和操作中应注意什么？

2. 水的初温选得太高或太低有什么不好？

3. 系统的终温由什么决定的？终温太高或太低有什么不好？

4. 冰块过大或过小有什么坏处？冰块的质量以多大为宜？

3.6 负温度系数热敏电阻温度传感器温度特性的测量

负温度系数热敏电阻又称 NTC 热敏电阻，是一类电阻值随温度增大而减小的一种传感器电阻。广泛用于各种电子元件中，如温度传感器、可复式保险丝及自动调节的加热器等。

一、实验目的

1. 测量负温度系数热敏电阻的阻值与温度的关系。

2. 求热敏电阻材料常数 B。

二、实验仪器

数字化热学综合实验平台(真空管式),温度控制器,透光真空管式炉,NTC/AD590 测试板。

三、实验原理

1. 恒压源法测量热电阻特性

恒电压源法测量热电阻,电路如图 3-6-1 所示。

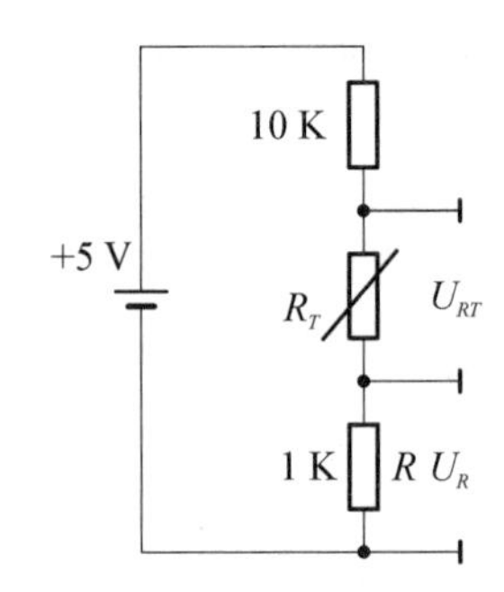

图 3-6-1　恒电压源法测量热电阻

图 3-6-1 中,R 为已知数值的固定电阻,R_T 为热电阻。U_R 为 R 上的电压,U_{RT} 为 R_T 上的电压。假设回路电流为 I_0,根据欧姆定律:$I_0=U_R/R$,所以热电阻 R_T 为

$$R_T=\frac{U_{RT}}{I_0}=\frac{RU_{RT}}{U_R} \tag{3-6-1}$$

2. 负温度系数热敏电阻(NTC 1K)温度传感器

热敏电阻是利用半导体电阻阻值随温度变化的特性来测量温度的,按电阻阻值随温度升高而减小或增大,分为 NTC 型(负温度系数热敏电阻,Negative Temperature Characteristic)、PTC 型(正温度系数热敏电阻,Positive Temperature Characteristic)和 CTC(临界温度热敏电阻,Critical Temperature Characteristic)。NTC 型热敏电阻阻值与温度的关系呈指数下降关系,但也可以找出热敏电阻某一较小的、线性较好的范围加以应用(如 35～42 ℃)。如需对温度进行较准确的测量,则需配置线性化电路进行校正(本实验没进行全范围线性化校正,仅选取 35～42 ℃温度范围内进行相对线性化处理)。以上三种热敏电阻特性曲线见图 3-6-2。

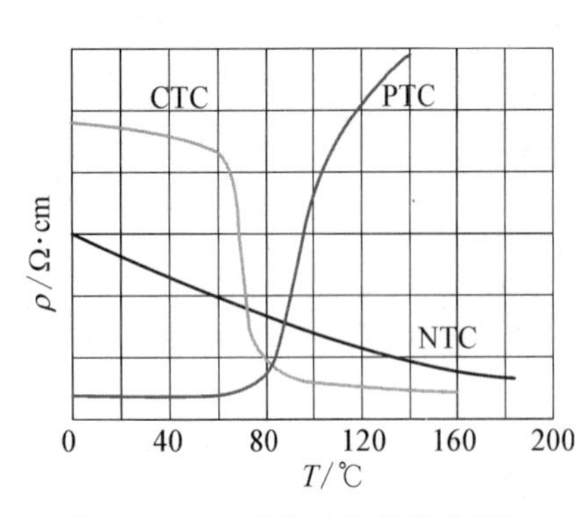

图 3-6-2　热敏电阻特性曲线图

在一定的温度范围内(小于 150 ℃),NTC 热敏电阻的电阻 R_T 与温度 T 之间有如下关系:

$$R_T = R_0 e^{B\left(\frac{1}{T}-\frac{1}{T_0}\right)} \tag{3-6-2}$$

式中：R_T、R_0 是温度为 T、T_0 时的电阻值（T 为热力学温度，单位为 K）；B 是热敏电阻材料常数，一般情况下 B 为 2 000～6 000 K。对一定的热敏电阻而言，B 为常数，对(3-6-2)式两边取对数，则有

$$\ln R_T = B\left(\frac{1}{T}-\frac{1}{T_0}\right)+\ln R_0 \tag{3-6-3}$$

由(3-6-3)式可见，$\ln R_T$ 与 $1/T$ 呈线性关系，作 $\ln R_T$ -($1/T$)直线图，用直线拟合，由斜率即可求出常数 B。

四、实验步骤

1. 将 PT100 测温板安置于管式炉一端（左端），将其输出航空插座与温度控制器 PT100 插座对应连接起来；将温度控制器加热电流输出插座与管式炉测试架加热电流输入插座对应相连；将 NTC/AD590 测试板安置于管式炉的另一端（右端），并将 NTC 输出插孔与数字化热学综合实验平台（真空管式）面板中对应的 NTC 插孔相连。

2. 按图 3-6-3 接线，电压表选择 2 V 档；从 40 ℃起开始测量，然后每隔 10.0 ℃设定一次温控器，待温度稳定后（2 分钟内温度变化在±0.1 ℃以内），测量热敏电阻上对应电压 U_{RT}（纽子开关打向 V_{01}）以及取样电阻 R（1 000 Ω）上电压 U_R（纽子开关打向 V_{02}），计入表 3-6-2，根据(3-6-2)式求出 R_T 与温度 T 的关系（备注：取样电阻 R 准确度为 0.1%）。

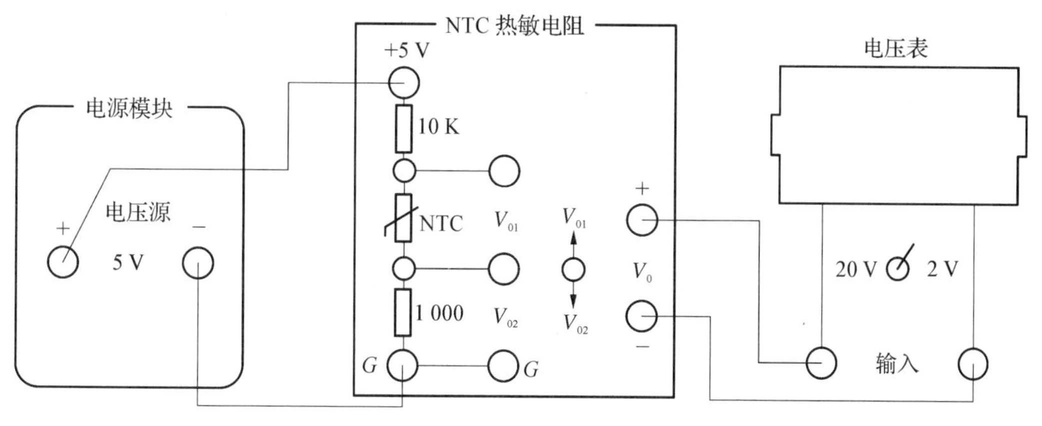

图 3-6-3　NTC 热敏电阻特性测量

五、注意事项

1. 加热电流与设计温度的关系参考表 3-6-1。

表 3-6-1 加热电流与设定温度的关系

设定温度/℃	40	50	60	70	80	90	100
参考电流/A	0.2	0.25	0.25	0.3	0.35	0.4	0.4

(2) 加热电流不允许超过 0.45 A。

(3) 要提前 3～5 ℃将加热电流减少 0.1～0.2 A,防止实际温度大幅超过设定温度。

(4) 温度稳定判断标准:当实际温度超过设定温度并又重新降回到设定温度时,即可认为温度达到稳定。

(5) 实验完成后要收拾好实验仪器,要将温度控制器电流调零,温度调回 10 ℃,关掉加热电流开关;将导线和测试板放回原位,关掉电源。

六、数据记录与处理

表 3-6-2 R_T 与温度 T 测量数据 ($R=$________Ω)

T/℃	U_{RT}/V	U_R/V	R/Ω	$R_T=R\times U_{RT}/U_R$/Ω	$\ln(R_T)$	T/K	$1/T$/K^{-1}
30							
40							
50							
60							
70							
80							
90							
100							

作 $\ln R_T$ -(1/T)直线图,用直线拟合,由斜率即可求出常数 B。

七、思考与讨论

实验时怎样保证测温准确?

3.7 集成电路温度传感器 AD590 的特性测量

AD590 是美国 ANALOG DEVICES 公司的单片集成两端感温电流源,其输出电流与绝对温度成比例。AD590 适用于 150 ℃以下,采用传统电气温度传感器的任何温度检测应用。低成本的单芯片集成电路及无须支持电路的特点,使它成为许多温度测量应用的一种很有吸引力的备选方案。应用 AD590 时,无须线性化电路、精密电压放大器、电阻测量电路和冷结补偿。

一、实验目的

1. 测量电流型集成电路温度传感器 AD590 的温度特性。

2. 利用 AD590 温度传感器设计数字式温度计。

二、实验仪器

数字化热学综合实验平台(真空管式),温度控制器,透光真空管式炉,NTC/AD590 测试板。

三、实验原理

AD590 集成电路温度传感器是由多个参数相同的三极管和电阻组成。当器件两端加上一定直流工作电压时(4.5～20 V),它的输出电流与温度满足关系:

$$I = BT + A \tag{3-7-1}$$

式中:I 为其输出电流,单位 μA;T 为摄氏温度;B 为斜率(一般 AD590 的 $B=$ 1 μA/℃,即如果该温度传感器的温度升高或降低 1 ℃,传感器的输出电流增加或减少 1 μA);A 为摄氏零度时的电流值,其值恰好与冰点的热力学温度 273 K 相对应(对市售的一般 AD590,其 A 值为 273～278 μA;略有差异)。利用 AD590 集成电路温度传感器的上述特性,可以制成各种用途的温度计。

四、实验步骤

1. 将 PT100 测温板安置于管式炉一端,将其输出航空插座与温度控制器 PT100 插座对应连接起来;将温度控制器加热电流输出插座与管式炉测试架加热电流输入插座对应相连;将 NTC/AD590 测试板安置于管式炉的另一端,将 AD590 温度传感器输出插座与数字化热学综合实验平台(真空管式)面板中对应的 AD590 插孔对应相连,注意接线(AD590 的正负极不能接错,红色插脚为正极,黄色插脚为负极)。

2. 按图 3-7-1 接线,电压表选择 2 V 档,从室温起开始测量,然后每隔 10.0 ℃设定一次温控器,待温度稳定后(2 分钟内温度变化在±0.1 ℃以内),测量 AD590 集成电路温度传感器的电流 I 与温度 T 的关系,电流 $I=V_0/1\,000$,数据计入表 3-7-2。

3. 根据测量的数据,绘制 $I-T$ 曲线,把实验数据用最小二乘法进行拟合,求斜率 B、截距 A 和相关系数 r。

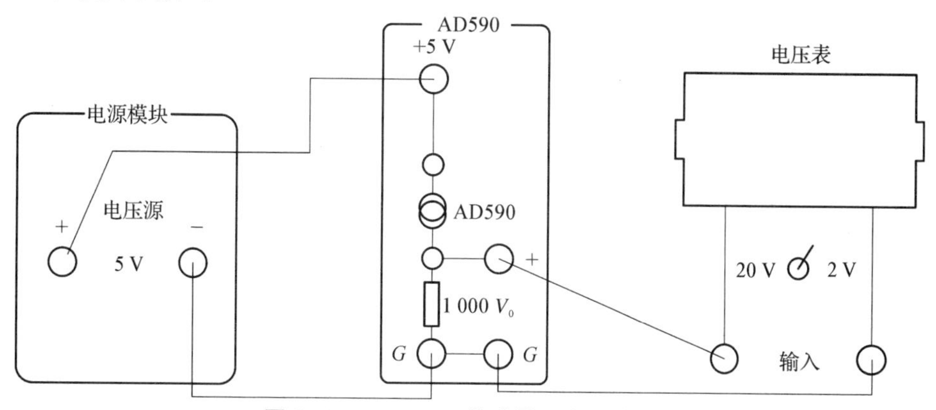

图 3-7-1 AD590 传感器温度特性测量

五、注意事项

1. 加热电流与设计温度的关系参考表 3-7-1。

表 3-7-1 加热电流与设定温度的关系

设定温度/℃	40	50	60	70	80	90	100
参考电流/A	0.2	0.25	0.25	0.3	0.35	0.4	0.4

2. 加热电流不允许超过 0.45 A。

3. 要提前 3～5 ℃将加热电流减少 0.1～0.2 A,防止实际温度大幅超过设定温度。

4. 温度稳定判断标准:当实际温度超过设定温度并又重新降回到设定温度时,即可认为温度达到稳定。

5. 实验完成后要收拾好实验仪器,要将温度控制器电流调零,温度调回 10 ℃,关掉加热电流开关;将导线和测试板放回原位,关掉电源。

六、数据记录与处理

测量 AD590 传感器输出电流 I 和温度 T 之间的关系,并记录。

表 3-7-1 AD590 传感器温度特性测量 (R=1 000 Ω)

T/℃	30	40	50	60	70	80	90	100
V_0/V								
I/μA								

对表 3-7-2 所示数据,进行直线拟合,得到直线,求斜率和截距。

七、思考与讨论

实验时怎样保证测温准确?

3.8 PN 结温度传感器的特性测量

PN 结温度传感器,可以将温度转化成电压信号或者是电流信号,这种温度传感器即是 PN 结温度传感器。PN 结温度传感器是利用二极管、三极管 PN 结的正向电压随温度变化的特性而制成的温度敏感器件,在低温测量方面,有体积小、响应快、线性好和使用方便等优点,所以在电子电路中的过热和过载保护、工业自动控制领域的温度控制和医疗卫生的温度测量等方面有较广泛的应用。

一、实验目的

1. 测量 PN 结温度传感器正向电压与温度的关系。

2. 求灵敏度。

二、实验仪器

数字化热学综合实验平台(真空管式),温度控制器,透光真空管式炉,PT100/PN 结测试板。

三、实验原理

PN 结温度传感器是利用半导体 PN 结的正向结电压对温度依赖性实现对温度检测的。实验证明在一定的电流通过情况下,PN 结的正向电压与温度之间有良好的线性关系。通常将硅三极管 b、c 极短路,用 b、e 极之间的 PN 结作为温度传感器测量温度。硅三极管基极和发射极间正向导通电压 U_{be} 一般约为 600 mV(25 ℃),且与温度成反比,线性良好,温度系数约为 −2.3 mV/℃,测温精度较高,测温范围可达 −50～150 ℃。

通常 PN 结组成二极管的电流 I 和电压 U 满足

$$I = I_s[e^{qU/kT} - 1] \tag{3-8-1}$$

式中:电子电量 $q = 1.602 \times 10^{-9}$ C;玻尔兹曼常数 $k = 1.381 \times 10^{-23}$ J/K;T 为热力学温度;I_s 为反向饱和电流。在常温条件下,且 $U > 0.1$ V 时,(3-8-1) 式可近似为

$$I = I_s e^{qU/kT} \tag{3-8-2}$$

在正向电流保持恒定且电流较小下,PN 结的正向电压和热力学温度 T 近似满足下列线性关系:

$$U = BT + U_{go} \tag{3-8-3}$$

式中:U_{go} 为半导体材料在 $T = 0$ K 时的禁带宽度;B 为 PN 结的结电压温度系数。实验测量如图 3-8-1 所示,用数字电压表测定 U_{be} 随温度的变化关系即可。

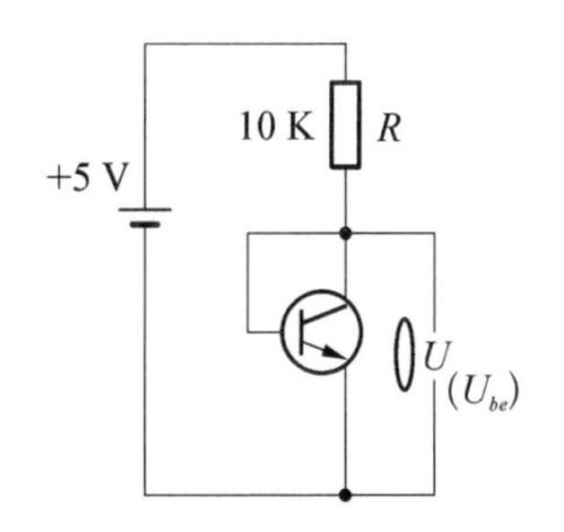

图 3-8-1 PN 结特性测量电路

四、实验步骤

1. 将 PT100 测温板安置于管式炉一端,将其输出航空插座与温度控制器 PT100 插座对应连接起来;将温度控制器加热电流输出插座与管式炉测试架加热电流输入插座对应相连;将 PT100/PN 测试板安置于管式炉的另一端,将 PN 结温度传感器输出插座与数字化热学综合实验平台(真空管式)面板中对应的 PN 结插孔对应相连,注意接线(PN 结

的正负极不能接错，红色插脚为正极，黑色插脚为负极）。

2. 按图 3－8－2 接线，电压表选择 2 V 档，测量 PN 结温度传感器输出电压 U_0 与温度 T 的关系；从室温起开始测量，然后每隔 1.0 ℃设定一次温控器，待温度稳定后（2 分钟内温度变化在±0.1 ℃以内），测量 PN 结正向导通电压 U_0（即 U_{be}），数据录入表 3－8－2。

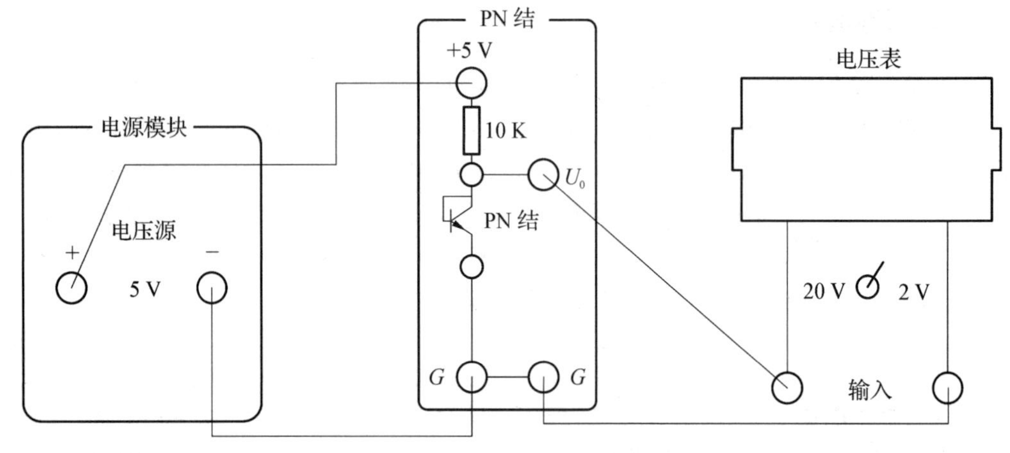

图 3－8－2　PN 结特性测量

五、注意事项

1. 加热电流与设计温度的关系参考表 3－8－1。

表 3－8－1　加热电流与设定温度的关系

设定温度/℃	40	50	60	70	80	90	100
参考电流/A	0.2	0.25	0.25	0.3	0.35	0.4	0.4

2. 加热电流不允许超过 0.45 A。

3. 要提前 3～5 ℃将加热电流减小 0.1～0.2 A，防止实际温度大幅超过设定温度。

4. 温度稳定判断标准：当实际温度超过设定温度并又重新降回到设定温度时，即可认为温度达到稳定。

5. 实验完成后要收拾好实验仪器，要将温度控制器电流调零，温度调回 10 ℃，关掉加热电流开关；将导线和测试板放回原位，关掉电源。

六、数据记录与处理

表 3－8－2　PN 结正向导通电压 U_{be} 与温度 T 的关系

T/℃	30	40	50	60	70	80	90	100
$U_0(U_{be})$/V								

对表 3－8－2 数据进行直线拟合，得到直线，求斜率、截距。

七、思考与讨论

实验时怎么保证测温准确？

3.9 PT100铂电阻温度传感器温度特性的测量

铂电阻是一种常用的温度测量装置，其测温范围广，制造简单，精度高，在实际生产生活中广泛应用。

一、实验目的

1. 测量PT100铂电阻的阻值与温度的关系。
2. 求PT100铂电阻的温度系数TCR。

二、实验仪器

数字化热学综合实验平台(真空管式)，温度控制器，透光真空管式炉，PT100/PN结测试板。

三、实验原理

1. 恒电流源法测量铂电阻特性

恒电流源法测量热电阻，电路如图3-9-1所示。

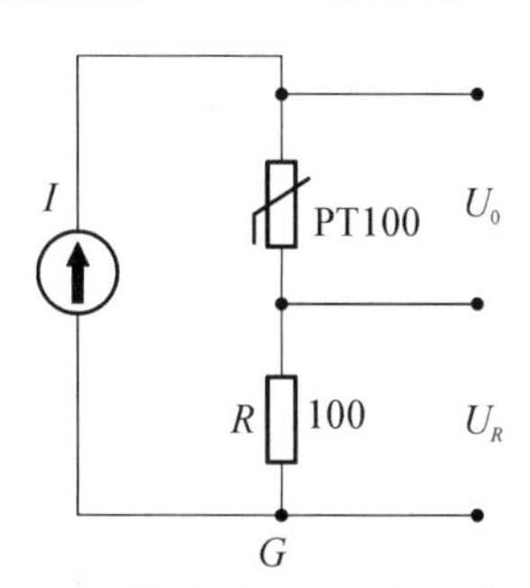

图3-9-1 恒电流源法测量热电阻原理

图3-9-1中，I为恒流源，为电路提供恒定电流；R为已知固定电阻(图中$R=100\ \Omega$)；PT100为待测铂电阻；U_R为R上的电压；U_0为PT100上的电压。根据欧姆定律，$I=U_R/R$，所以PT100铂电阻的阻值R_t为

$$R_t=\frac{U_0}{I}=\frac{RU_0}{U_R} \tag{3-9-1}$$

由于本实验$R=100\ \Omega$(准确度0.1%)，所以

$$R_t=100\frac{U_0}{U_R} \tag{3-9-2}$$

2. 铂电阻的温度系数 TCR

按 IEC751 国际标准，温度系数 TCR=0.003 851，PT100(R_0=100 Ω)为统一设计型铂电阻。

$$TCR=(R_{100}-R_0)/(R_0\times 100) \tag{3-9-3}$$

100 ℃时，标准电阻值 R_{100}=138.51 Ω。

PT100 铂电阻的阻值随温度变化的计算公式为

$$R_t=R_0[1+At+Bt^2+C(t-100)t^3],-200\ ℃<t<0\ ℃ \tag{3-9-4}$$

$$R_t=R_0(1+At+Bt^2),-0\ ℃<t<850\ ℃ \tag{3-9-5}$$

式中：R_t 为 t ℃时的电阻值；R_0 为 0 ℃时的电阻值；A、B、C 的系数依次为 $A=3.908\ 3\times 10^{-3}\ ℃^{-1}$，$B=-5.775\times 10^{-7}\ ℃^{-2}$，$C=-4.183\times 10^{-12}\ ℃^{-4}$。

本实验测试温度为室温至 100 ℃，由于二次项系数较小，我们将公式 3-9-5 简化为

$$R_t=R_0(1+At) \tag{3-9-6}$$

四、实验步骤

1. 将 PT100 测温板安置于管式炉一端，将其输出航空插座与温度控制器 PT100 插座对应连接起来；将温度控制器加热电流输出插座与管式炉测试架加热电流输入插座对应相连；将 PT100/PN 测试板安置于管式炉的另一端，并将 PT100 输出插孔与数字化热学综合实验平台(真空管式)面板中对应的 PT100 插孔相连。

2. 按图 3-9-2 接线，电压表选择 2 V 档。从 40 ℃起开始测量，然后每隔 10.0 ℃设定一次温控器，待温度稳定后，测量 PT100 电阻上对应电压 U_0 以及取样电阻 R(100 Ω)上电压 U_R(由于采用恒流源，U_R 仅需测量一次)，计入表 3-9-2，根据(3-9-6)式求出 R_t 与温度 t 的关系。

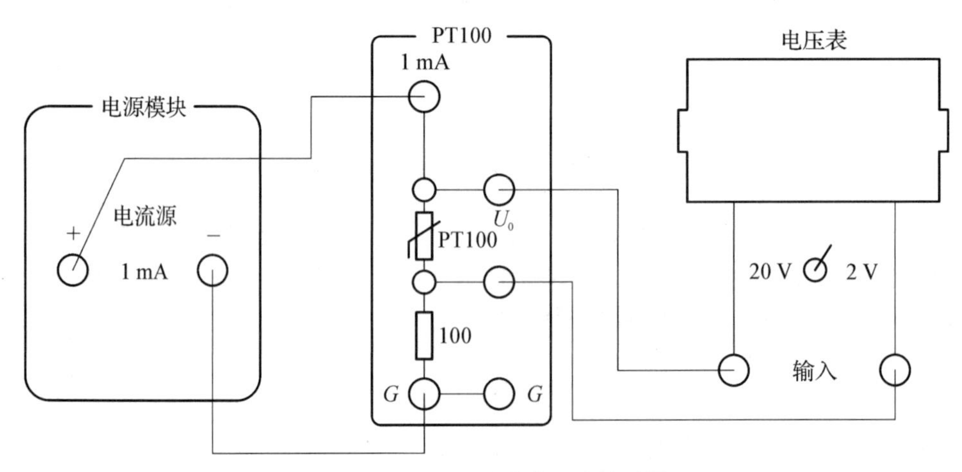

图 3-9-2　PT100 铂电阻特性测量

五、注意事项

1. 加热电流与设计温度的关系参考表 3-9-1。

表 3-9-1 加热电流与设定温度的关系

设定温度/℃	40	50	60	70	80	90	100
参考电流/A	0.2	0.25	0.25	0.3	0.35	0.4	0.4

2. 加热电流不允许超过 0.45 A。

3. 要提前 3～5 ℃将加热电流减小 0.1～0.2 A,防止实际温度大幅超过设定温度。

4. 温度稳定判断标准:当实际温度超过设定温度并又重新降回到设定温度时,即可认为温度达到稳定。

5. 实验完成后要收拾好实验仪器,要将温度控制器电流调零,温度调回 10 ℃,关掉加热电流开关;将导线和测试板放回原位,关掉电源。

六、数据记录与处理

表 3-9-2 铂电阻 PT100 阻值 R_t 与温度 t 的测量数据($U_R=$________V)

t/℃	40	50	60	70	80	90	100
U_0/V							
$Rt=100U_0/U_R$							

对表 3-9-2 的数据进行直线拟合,求出 0 ℃和 100 ℃时的电阻,并通过斜率求出常数 TCR。

七、思考与讨论

1. 实验时怎么保证测温准确。

2. 计算 TCR 的相对误差,简述实验误差的可能来源。

3.10 验证理想气体状态方程实验

一、实验目的

1. 研究等温条件下,一定质量气体的压强与体积的关系,验证波义耳-马略特定律。

2. 研究等容条件下,一定质量气体的温度与压强的关系,验证查理定律。

3. 研究等压条件下,一定质量气体的温度与体积的关系,验证盖·吕萨克定律。

4. 计算一定气体的物质的量。

5. 计算普适气体常量。

二、实验仪器

气体定律实验装置，数字压强计，数字温度计，直流稳压电源，压强传感器，导线

三、实验原理

理想气体状态方程，又称理想气体定律、普适气体定律，是描述理想气体在处于平衡态时，压强、体积、物质的量、温度间关系的状态方程。它建立在波义耳-马略特定律、查理定律、盖·吕萨克定律等经验定律之上。

理想气体状态方程是由研究低压下气体的行为导出的。但各气体在适用理想气体状态方程时多少有些偏差。压力越低，偏差越小，在极低压力下理想气体状态方程可较准确地描述真实气体的行为。极低的压强意味着分子之间的距离非常大，此时分子之间的相互作用非常小，因而分子可近似被看作是没有体积的质点。于是从极低压力气体的行为出发，抽象提出理想气体的概念。

1662年，英国化学家、物理学家波义耳根据实验结果提出："在密闭容器中的定量气体，在恒温下，气体的压强和体积成反比关系。"这是人类历史上第一个被发现的"定律"。14年后，法国物理学家马略特也独立地发现了这一定律，而且比波义耳更深刻地认识到这个定律的重要性。后人把他俩的发现合称为波义耳-马略特定律。

查理定律指出，一定质量的气体，当其体积一定时，它的压强与热力学温度成正比。

1802年，盖·吕萨克发现气体热膨胀定律，即盖·吕萨克定律，并指出：压强不变时，一定质量气体的体积跟热力学温度成正比。

上述三个定律中各物理量间的关系曲线如3-10-1所示。

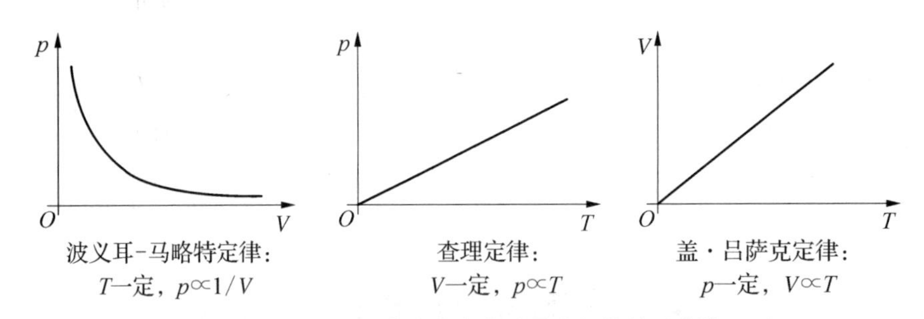

图3-10-1　三个定律各物理量之间的关系曲线

根据上述三个定律，以及阿伏伽德罗定律和理想气体温标定义，可以推导出理想气体状态方程，具体如下：

气体的体积随压强 p、温度 T 以及气体分子的数量 N 而变化着，写成函数形式：$V=f(p,T,N)$，或

$$\mathrm{d}V=\left(\frac{\partial V}{\partial p}\right)_{T,N}\mathrm{d}p+\left(\frac{\partial V}{\partial T}\right)_{p,N}\mathrm{d}T+\left(\frac{\partial V}{\partial N}\right)_{T,p}\mathrm{d}N \tag{3-10-1}$$

对于一定量的气体，N 为常数，$\mathrm{d}N=0$，所以

$$\mathrm{d}V=\left(\frac{\partial V}{\partial p}\right)_{T,N}\mathrm{d}p+\left(\frac{\partial V}{\partial T}\right)_{p,N}\mathrm{d}T \tag{3-10-2}$$

根据波义耳-马略特定律，$V=\dfrac{C}{p}$，C 为常数，于是有

$$\left(\frac{\partial V}{\partial p}\right)_{T,N}=-\frac{C}{p^2}=-\frac{V}{p} \tag{3-10-3}$$

根据盖·吕萨克定律，$V=C'T$，C'为常数，于是有

$$\left(\frac{\partial V}{\partial T}\right)_{p,N}=C'=\frac{V}{T} \tag{3-10-4}$$

代入(3-10-2)式后得

$$\mathrm{d}V=-\frac{V}{p}\mathrm{d}p+\frac{V}{T}\mathrm{d}T\text{ 或 }\frac{\mathrm{d}V}{V}=-\frac{1}{p}\mathrm{d}p+\frac{1}{T}\mathrm{d}T \tag{3-10-5}$$

(3-10-5)式两边积分得

$$\ln V+\ln p=\ln T+C'' \tag{3-10-6}$$

故有

$$\frac{pV}{T}=\text{恒量，(气体质量一定)} \tag{3-10-7}$$

方程(3-10-7)表示，对于一定质量的理想气体，任一状态下，pV/T 的值都相等。

进一步的实验表明，在一定温度和压强下，气体的体积 V 和它的质量 m 或物质的量 n 成正比。

阿伏伽德罗定律指出，在相同温度和压强下，1 mol 的各种理想气体的体积都相同。在标准状态 ($p_0=101.3$ kPa，$T_0=273.16$ K) 下，1 mol 的理想气体的体积 $V_m=22.4$ L，于是可定义

$$R=\frac{p_0V_m}{T_0}=8.31\ \mathrm{J/(mol\cdot K)} \tag{3-10-8}$$

R 称为普适气体常数。对于任一物质的量为 n mol 的理想气体，有

$$\frac{pV}{T}=\frac{p_0nV_m}{T_0}=nR\text{ 或 }pV=nRT \tag{3-10-9}$$

方程(3-10-9)称为理想气体状态方程。

四、实验步骤

1. 实验前准备

拔下气体定律实验装置与压强传感器连通的气管，使玻管内外气压相等，然后将活塞旋至标尺上 90 mL 处。将气管与压强传感器重新接通，使玻管内气体处于密封状态。将

气体定律实验装置的温度传感器接口与数字温度计相连。然后将活塞旋至标尺上 60 mL 处。打开直流稳压电源(不外接电路,仅预热),打开数字温度计和数字压强计,预热约 10 min。等待用电装置和密闭气体温度、压强稳定。

2. 研究等温条件下,一定质量气体的压强与体积的关系,验证波义耳-马略特定律

(1) 以稳定后的温度作为室温并记录在表 3-10-1 中。

(2)然后改变活塞位置,在表 3-10-1 中记录体积视值 V' 在 60、70、80、90、100、110、120 mL 各处时的压强值 p,每个状态下待温度恢复到室温 ± 0.2 ℃后记录压强值。

3. 研究等容条件下,一定质量气体的温度与压强的关系,验证查理定律

(1) 保持前述密封气体的质量(或物质的量)不变,即切勿断开气管。将活塞旋至 $V'=90$ mL,待温度稳定后再次记录室温下该体积下的压强值 p。

(2) 将直流稳压电源电流调节旋钮顺时针调至最大(以避免在实验过程中出现限流保护),在恒压模式(即 C.V 模式)下再将直流稳压电源在开路状态下电压调为 30.0 ± 0.1 V,然后关闭直流稳压电源开关,待用导线将直流稳压电源输出端与气体定律实验装置的加热电源输入端连接后,再打开直流稳压电源开关。此后数字温度计显示气体温度逐渐升高,在表 3-10-2 中记录各温度下(温度间隔可采用大约 10 ℃)的压强值,直到记录到温度达到 90 ℃后停止。但不断开加热电源,须继续升温直到温度保持在 98～100 ℃(若发现有超出该范围的趋势,可改变直流稳压电源输出电压来保持,此步骤为下一实验做准备)。

4. 研究等压条件下,一定质量气体的温度与体积的关系,验证盖·吕萨克定律

(1) 保持前述密封气体的质量(或物质的量)不变,即切勿断开气管。移动活塞扩大气体体积,使得压强降低到接近室温下体积视值 90 mL 时对应的压强 p 附近(± 1 kPa)。当温度在 98～100 ℃时关闭直流电源,待玻管自然降温。

(2) 及时改变气体体积,使得压强随时都在 $p\pm 0.2$ kPa 范围内,当温度降低至 90 ℃时,在表 3-10-3 中记录压强 p 对应的气体体积视值 V'。

(3) 同样地,记录降温过程中不同温度下(温度间隔可采用大约 10 ℃)压强 p 对应的气体体积视值,直到降至 40 ℃。

五、注意事项

1. 上述三个实验步骤不能颠倒。
2. 实验完成后,拔下气体连通管和相关连接线并收纳,再断开所有电源。

六、数据记录与处理

表 3-10-1　同一温度下,测量气体的压强与体积的关系

室温:________℃

体积视值 V'/mL	60.0	70.0	80.0	90.0	100.0	110.0	120.0
压强 p/kPa							
$1/p$/kPa^{-1}							

表3-10-2　同一体积下，测量气体压强与温度的关系

体积视值 V'：________mL

温度 T/℃	40.0	50.0	60.0	70.0	80.0	90.0
温度 T/K						
压强 p/kPa						

表3-10-3　同一压强下，测量气体体积与温度的关系

压强：________kPa

温度 T/℃	40.0	50.0	60.0	70.0	80.0	90.0
温度 T/K						
体积视值 V'/mL						

1. 实验中表3-10-1数据的处理

(1) 计算表中各压强值的倒数 $1/p$。

(2) 根据表数据绘制室温下密封气体的 $V'-1/p$ 关系曲线，用直线拟合该曲线并得到纵坐标截距 V_0，V_0 即是由于结构原因无法准确给出的密封气体的体积零差。直线斜率即为 nRT，根据温度 T（绝对温度）和 R 的参考值，计算出密封气体的物质的量 n。

2. 实验中表3-10-2数据的处理

将记录的各摄氏温度换算成绝对温度，并根据表数据绘制定容条件下密封气体的 $p-T$ 关系曲线，用直线拟合该曲线。直线斜率即为 $nR/(V'+V_0)$。根据体积视值 V'，前述实验得到的体积零差 V_0 和物质的量 n，计算 R 并与参考值进行比较计，算相对误差。

3. 实验中表3-10-3数据的处理

将记录的各摄氏温度换算成绝对温度，并根据表3-10-3数据绘制定压条件下密封气体的 $V'-T$ 关系曲线，用直线拟合该曲线。直线斜率即为 nR/p。根据气体压强 p 和已计算出的物质的量 n，计算 R 并与参考值进行比较，计算相对误差。

七、思考与讨论

R 值的误差来源是什么？

3.11　落球法变温液体粘滞系数的测量

有关液体中物体运动的问题，19世纪物理学家斯托克斯建立了著名的流体力学方程组，它较为系统地反映了流体在运动过程中质量、动量、能量之间的关系，即一个在液体中运动的物体所受力的大小与物体的几何形状、速度以及内摩擦力有关。

当液体内各部分之间有相对运动时，接触面之间存在内摩擦力，阻碍液体的相对运动，这种性质称为液体的**粘滞性**，液体的内摩擦力称为**粘滞力**。粘滞力的大小与接触面面积以及接触面处的速度梯度成正比，比例系数 η 称为**粘度**(或粘滞系数)。

对液体粘滞性的研究在流体力学、化学化工、医疗、水利等领域都有广泛的应用，例如在用管道输送液体时要根据输送液体的流量、压力差、输送距离及液体粘度，设计输送管道的口径。测量液体粘度可用落球法、毛细管法、转筒法等，其中落球法(又称斯托克斯法)适用于测量粘度较高的液体。粘度的大小取决于液体的性质和温度，温度升高，粘度将迅速减小。例如，对于蓖麻油，在室温附近改变 1 ℃，粘度值改变约 10%。因此，测定液体在不同温度的粘度有很大的实际意义。要准确测量液体的粘度，必须精确控制液体温度。

本实验中采用落球法，PID 控温及用秒表计时测量小球在不同温度的液体中下落的时间来测出液体的粘滞系数。

一、实验目的

1. 了解测量液体的变温粘滞系数的意义。
2. 学习和掌握一些基本物理量的测量。
3. 了解 PID 温度控制的原理，掌握温度控制器的设置使用方法。
4. 用落球法测量蓖麻油的粘滞系数。

二、实验仪器

仪器由 DH4606B 落球法变温液体粘滞系数测定仪，恒温水循环控制系统，螺旋测微器(自备)，游标卡尺(自备)，秒表，镊子，若干钢球，蓖麻油，硅胶水管，连接线以及取球杆等组成。

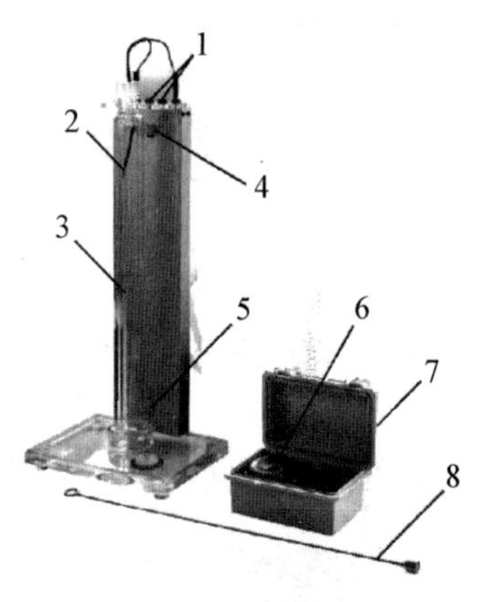

图 3-11-1 落球法变温液体粘滞系数测定仪

1. 测定仪的结构

1—PT100 输出接口：与温度计传感器输入接口相连，用于指示待测液体的温度；

2—PT100 温度传感器：放置在待测液体中(如蓖麻油)；

3—玻璃管容器：双层结构，内层装待测液体，外层可以通入水循环系统；

4—上出水口：与恒温水循环系统的回水口相连；

5—下入水口：与恒温水循环系统的出水口相连；

6—秒表(计时用)；

7—配件盒(含若干钢珠)；

8—取球杆：用于取出玻璃容器内钢球。

2. 恒温水循环控制系统介绍

恒温水循环控制系统前、后面板如图 3-11-2 和图 3-11-3 所示。

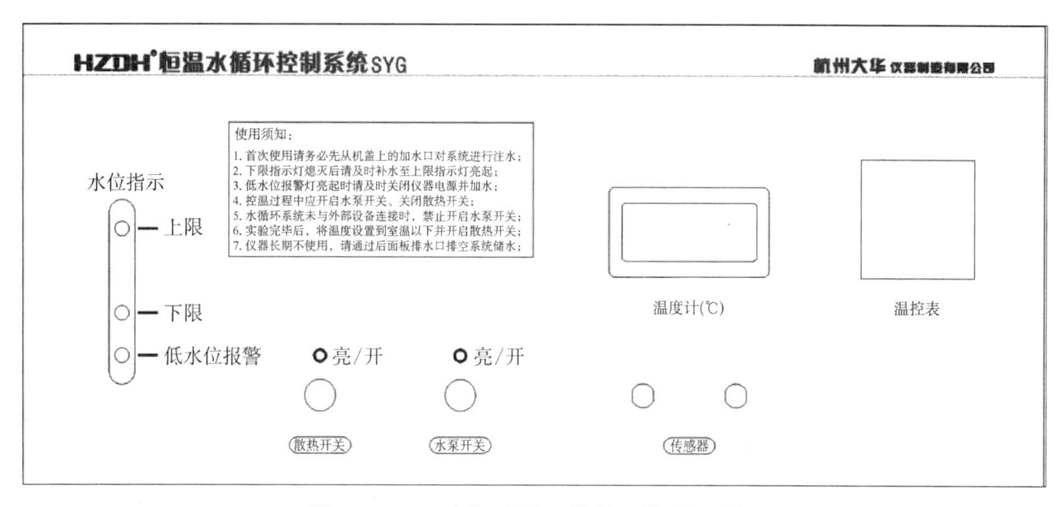

图 3-11-2　恒温水循环控制系统-前面板图

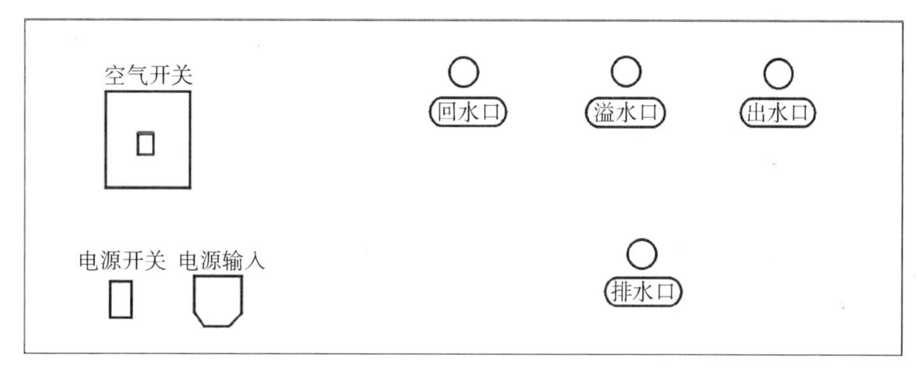

图 3-11-3　恒温水循环控制系统-后面板图

水位指示：指示水循环系统内水位，首次使用时需从加水口对系统加水，直到水位指示上限灯亮起即可。加水前确保出水口和回水口与测试仪已对应相连，且排水口处于关闭状态，溢水口有接水容器(防止加水过多溢出)。若开机低水位报警灯亮起并发出警报，请立即关闭电源，向系统注入足量水后再开启系统电源。正常工作时，推荐的水位在下限与上限之间，水位不能低于下限。

水泵开关：开启水循环(开启前确保出水口与回水口与外部测试仪已连接)。

风扇开关：实验完毕后，将温控表设置到室温以下，开启风扇开关对水温散热。

传感器：传感器接口与外部 PT100 温度传感器相连，温度计窗口将显示温度值。

温度计：指示外部接入的 PT100 温度，显示分辨率为 0.1 ℃，测量范围为 0～200 ℃。

温控表：设置水循环系统内水温，并对水温进行控制，稳定度为±0.2 ℃；注意设置温度不能超过 85 ℃；具体操作说明见附件。

回水口：循环水经过出水口流经被测对象后返回系统的接口。

溢水口：系统储水容器水位过多后的溢出口。

出水口：系统出水口。

排水口:用于排空系统储水。

空气开关:安全保护开关,正常工作时需手动开启。

三、实验原理

在稳定流动的液体中,由于各层的液体流速不同,互相接触的两层液体之间存在相互作用,快的一层给慢的一层以阻力,这一对力称为流体的内摩擦力或粘滞力。实验证明:若以液层垂直的方向作为 x 轴方向,则相邻两个流层之间的内摩擦力 f 与所取流层的面积 S 及流层间速度的空间变化率$\frac{d_v}{d_x}$的乘积成正比,即

$$f=\eta\cdot\frac{d_v}{d_x}\cdot S \qquad (3-11-1)$$

求中:η 称为液体的粘滞系数,它取决于液体的性质和温度。粘滞性随着温度的升高而减小。如果液体是无限广延的,液体的粘滞性较大,小球的半径很小,且在运动时不产生旋涡,根据斯托克斯定律,小球受到的粘滞阻力 f 为

$$f=6\pi\eta rv \qquad (3-11-2)$$

式中:η 为液体的粘滞系数;r 为小球半径;v 为小球运动的速度。若小球在无限广延的液体中下落,受到的粘滞力为 f,重力为 ρVg(V 是小球的体积;ρ 和 ρ_0 分别为小球和液体的密度,g 为重力加速度)。小球开始下降时速度较小,相应的粘滞力也较小,小球作加速运动。随着速度的增加,粘滞力也增加,最后球的重力、浮力及粘滞力三力达到平衡,小球做匀速运动,此时的速度称为收尾速度,即

$$\rho Vg-\rho_0 Vg-6\pi\eta rv=0 \qquad (3-11-3)$$

小球的体积为

$$V=\frac{4}{3}\pi r^3=\frac{1}{6}\pi d^3 \qquad (3-11-4)$$

把(3-11-3)式代入(3-11-2)式,得:

$$\eta=\frac{(\rho-\rho_0)gd^2}{18v} \qquad (3-11-5)$$

式中:v 为小球的收尾速度;d 为小球的直径。

由于(3-11-1)式只适合无限广延的液体,在本实验中,小球是在直径为 D 的装有液体的圆柱形玻璃圆筒内运动,不是无限广延的液体,考虑到管壁对小球的影响,(3-11-5)式应修正为

$$\eta=\frac{(\rho-\rho_0)gd^2}{18v_0\left(1+K\frac{d}{D}\right)} \qquad (3-11-6)$$

式中:v_0 为实验条件下的收尾速度;D 为量筒的内直径;K 为修正系数,这里 $K=$

2.4。收尾速度 v_0 可以通过测量玻璃量筒外事先选定的两个标号线 A 和 B 的距离 s 和小球经过 s 距离的时间 t 得到，即 $v_0=\frac{s}{t}$。

四、实验内容和步骤

1. 将恒温水循环控制系统机箱后面的“出水口”和“回水口”用硅胶管分别与测试仪“下入水口”和“上出水口”对应相连，连接好后循环水将从测试仪玻璃管下端进，上端出。

2. 在玻璃管中注入蓖麻油；将 PT100 温度传感器探头插入蓖麻油中，温度传感器的输出插座连接到测试架上的传感器输入，测试架上的传感器输出连接到恒温水循环控制系统前面板上的传感器接口，这样温度计将指示实际的油温。

3. 先将恒温水循环控制系统的水箱加满水，注意溢水口需放置接水容器，防止水满溢出；当水位上限指示灯亮起时停止加水；加水过程中确保“排水口”处于关闭状态。

4. 打开电源开关和空气开关，开启水泵开关，启动水循环。

5. 通过温控表将循环水温度设定在某一温度，蓖麻油将被水循环系统加热，循环水的温度设定值可自行更改，温控表使用说明参见附录。蓖麻油的实际温度由恒温水循环控制系统上的温度计指示（非温控表示值），当循环水的温度达到稳定后（波动为±0.2 ℃），观察蓖麻油温度显示值，直到该温度显示稳定后记录此值，即可开展如下实验。

6. 测量并记录数据。

(1) 测量圆筒的内径 D，记录开始实验时的室温 T_0，测定或查表并记录液体的密度值。

(2) 记录下螺旋测微器的初读数 d_0，然后用螺旋测微器测量小钢球的直径 d，共测量 6 个钢球，将数据记录在表 3-11-1 中，求出钢球直径的平均值 $\overline{d}$。

(3) 用镊子夹起小钢球，为了使其表面完全被所测的油浸润，可以先将小钢球在油中浸一下，然后放在玻璃圆筒中央，使小球沿圆筒轴线下落，观察小球在什么位置开始做匀速运动。

(4) 在小球开始进入匀速运动略低的位置选定上标记线 A，在下端合适位置选定下标记线 B，确定后记录 A、B 之间的距离 s，这样就可以进行正常测量。

(5) 当小钢球下落经过标记线 A 时，立即启动秒表，使秒表开始计时，当小钢球到达标记线 B 时，再按一下秒表，停止计时，这样秒表就记录了小钢球从 A 下落到 B（即经过距离 s）所需的时间 t，把该数值记录到表 3-11-2 中。

(6) 重复步骤(5)，连续测量 3 个相同质量的小球下落的时间，并记录数据。

(7) 改变温度设置值，在不同的温度下重复以上步骤，将数据记录在表 3-11-2 中。

(8) 实验结束后用顶端有磁性的取球杆取出小钢球，妥善存放。

五、注意事项

1. 本实验温度设置不应高于 50 ℃，否则液体粘滞度太小，小球下落速度过快（甚至不出现匀速运动），造成实验不能正常进行。

2. 当实验仪器长时间不用应把水循环系统和玻璃管里的水排空。

3. 若循环水太脏应及时更换干净的水，建议使用纯净水。

4. 当水循环系统未与测试仪连接时，禁止开启水泵开关。

5. 实验完成后，请将温控表设置在室温以下，并开启风扇开关使水温降到室温附近。

6. 水位下限指示灯熄灭后及时补水；低水位报警后立即关闭电源，再进行补水或检查仪器工作是否异常。

六、数据记录与处理

量筒内直径 $D=$________mm，A、B 间距离 $s=$________m。

蓖麻油的密度 $\rho_0=0.957\ 0\ \mathrm{g/cm^3}$；钢球的密度约为 $7.8\ \mathrm{g/cm^3}$（如需精确测量，则可用天平取一定数量的钢球称总重，再求出单颗重量，用螺旋测微器测量这些钢球直径并取平均值，最后根据密度公式计算钢球密度）。

室温 $T_0=$________℃；螺旋测微器初始读数 $d_0=$________mm。

表 3-11-1 小钢球直径测量数据记录

项目	实验次数					
	1	2	3	4	5	6
螺旋测微器读值 d/mm						
小钢球实际直径 $d_i=d-d_0$						
直径平均值 $\bar{d}$						

表 3-11-2 在不同温度下，小钢球从标记 A 到标记 B 匀速下落的时间记录

下落时间	液体温度(℃)					
	室温	25	30	35	40	45
钢球 1/s						
钢球 2/s						
钢球 3/s						
对应温度时钢球下落时间平均值 $\bar{t}_i$/s						
收尾速度 $v_{0i}/\mathrm{m\cdot s^{-1}}$						

数据处理：

将 $v_0=\dfrac{s}{t}$ 代入(3-11-6)，得

$$\eta=\frac{(\rho-\rho_0)g\bar{d}^2\bar{t}}{18\,s\left(1+K\dfrac{d}{D}\right)},(K=2.4) \tag{3-11-7}$$

重复以上步骤，对不同温度 T 的 ρ_0 和 v_0，计算 η 值。作 $\eta-T$ 关系曲线。

七、思考与讨论

1. 试分析选用不同半径的小球做此实验时，对实验结果有何影响？

2. 在特定的液体中，当小钢球的半径减小时，它的收尾速度如何变化？当小钢球的速度增加时，又将如何变化？

第 4 章　电磁学实验

4.1　RLC 串联电路谐振特性实验

电容、电感元件在交流电路中的阻抗是随着电源频率的改变而变化的。在电路中如果同时存在电感和电容元件，那么在一定条件下会产生某种特殊状态，能量会在电容和电感元件中产生交换，我们称之为**谐振现象**。

一、实验目的

1. 初步认识电路的谐振特性，测量 RLC 串联谐振电路的幅频特性。
2. 学习并掌握电路品质因数 Q 的测量方法及其物理意义。

二、实验仪器

函数信号发生器，RLC 实验箱，毫伏表。

三、实验原理

1. RLC 串联电路的电流幅频特性

在如图 4-1-1 所示电路中，R' 由两部分组成，一部分是电感线圈的电阻，另一部分是与电容串联的等效损耗电阻，电路的总阻抗 $|Z|$，电压 U、U_R 和回路电流 i 之间有以下关系：

$$|Z| = \sqrt{(R+R')^2 + \left(\omega L - \frac{1}{\omega C}\right)^2} \tag{4-1-1}$$

$$\varphi = \arctan\left(\frac{\omega L - \frac{1}{\omega C}}{R+R'}\right) \tag{4-1-2}$$

$$i = \frac{U}{\sqrt{(R+R')^2 + \left(\omega L - \frac{1}{\omega C}\right)^2}} \tag{4-1-3}$$

当 $\omega L=\frac{1}{\omega C}$ 时，电路总阻抗 $Z=R$，为最小值，而此时回路电流则成为最大值 $i=\frac{U}{\sqrt{R+R'}}$，这个现象即为谐振现象。发生谐振时的频率 f_0 称为谐振频率，满足 $\omega=\omega_0=\sqrt{\frac{1}{LC}}$，$f_0=\frac{\omega_0}{2\pi}=\frac{1}{2\pi\sqrt{LC}}$。

RLC 串联电路的谐振曲线，如图 4－1－2 所示。从图 4－1－2 可知，在 $f_1-f_0-f_2$ 的频率范围内 i 值较大，我们称为通频带。

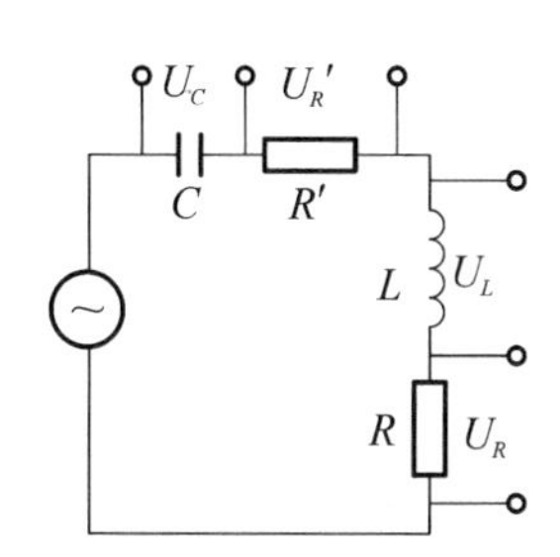

图 4－1－1　RLC 串联电路

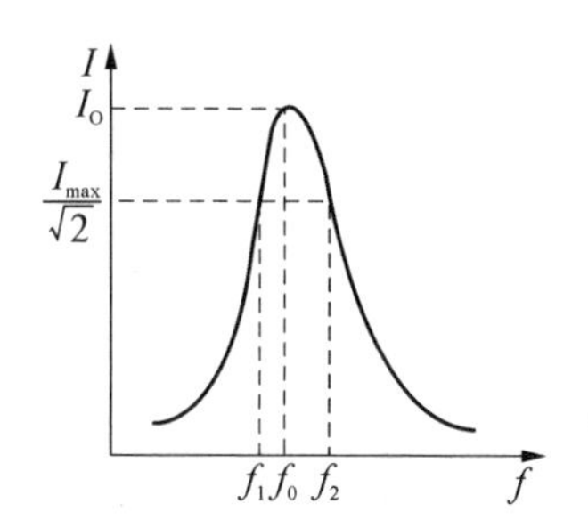

图 4－1－2　RLC 串联电路谐振曲线

2. 串联谐振电路的品质因数 Q

谐振时，$\varphi=0$，$U_L=U_C$，即纯电感两端的电压与理想电容器两端的电压相等，并且 $U_L=IL\omega_0=\frac{L\omega_0}{R}U$，即

$$U_L=\sqrt{\frac{L}{(R+R')^2C}}U$$

令　$Q=\sqrt{\frac{L}{(R+R')^2C}}$，则

$$U_L=U_C=QU$$

式中：Q 称为串联谐振电路的品质因数。当 $Q\gg1$ 时，U_L 和 U_C 都远大于信号源输出电压，这种现象称为 LRC 串联电路的电压谐振。

Q 的第一个意义：在谐振频率时，理想电容器和纯电感两端电压均为信号源电压的 Q 倍。通常用 Q 值来表征电路选频性能的优劣，$Q=\frac{f_0}{f_2-f_1}$。

Q 的第二个意义：它标志曲线的尖锐程度，即电路对频率的选择性，称 $\Delta f=f_0/Q$ 为通频带宽度。

Q 值的测量的方法：

（1）电压谐振法：利用 $Q=\frac{U_L}{U}=\frac{U_C}{U}$，在电路谐振时，测出 U_L 或 U_C，求出 Q 值。

(2) 频带宽度法：利用$Q=\frac{f_0}{f_2-f_1}$，在U_R-f 曲线中找出f_0，再找出$U_R(f)=\frac{U_R(f_0)}{\sqrt{2}}$对应的频率 f_1 和 f_2，计算出 Q 值。

四、实验步骤

1. 组成一个 RLC 串联电路，取 $C=0.1$ uF，$L=200$ mH，$R=200$ Ω。

2. 保持信号源电压 U 不变，根据所选的 L、C 值，估算谐振频率，以选择合适的正弦波频率范围。从低到高调节频率，当 U_R 的电压为最大时的频率即为谐振频率，记录不同频率时的 U_R 大小，绘出谐振曲线。

3. 找到谐振频率f_0，U_R 的电压为最大时的频率即为谐振频率，记录谐振时的 U_L、U_C、U_{R_m} 值。

4. 分别用电压谐振法和频带宽度法确定 Q 值。

五、注意事项

1. 应在谐振频率附近多选择几个频率测试点，在变换测试频率时，应保持信号源的输出幅度不变。

2. 实验中，信号发生器的外壳与毫伏表的外壳绝缘（不共地）。

六、数据记录与处理

表 4-1-1

f/Hz	300	600	800	900	1 000	1 050	1 080	1 100	1 110
U_R/V									
f/Hz	1 120	1 130	1 150	1 200	1 300	1 500	1 800		
U_R/V									

七、思考与讨论

1. 测量 RLC 串联电路的电流幅频特性时，为什么要保持信号发生器的输出电压大小恒定不变？

2. 如何选取测量频率 f，为什么？

3. 在 L、C 一定的情形下，R 值大小对串联谐振电路的 Q 值有何影响？

4. 用电压谐振法和频带宽度法求得同一种线路的 Q 值是否相同，为什么？

4.2 电表的改装与定标

电学实验中经常要用电表（电压表和电流表）进行测量，常用的直流电流表和直流电压表都有一个共同的部分，常称为表头。表头通常是一只磁电式微安表，它只允许通过微安级的电流，一般只能测量很小的电流和电压。如果要用它来测量较大的电流或电压，就必须进行改装，以扩大其量程。经过改装后的微安表具有测量较大电流、电压和电阻等多种用途。若在表中配以整流电路将交流变为直流，则它还可以测量交流电的有关参量。我们日常接触到的各种电表几乎都是经过改装的，因此，学习改装和校准电表在电学实验部分是非常重要的。

一、实验目的

1. 掌握一般万用电表的基本原理和结构。
2. 培养分析、设计实验万用电表的能力。
3. 学会对常用基本仪表的校正方法。

二、实验仪器

YJ－DZT－I电磁学综合实验平台，万用表设计模板，连接线若干。

三、实验原理

1. 中值法测量表头的内阻

测量原理见图4－2－1。当被测电流计接在电路中时，调节 R_W 使电流计满偏；再用十进位电阻箱与电流计并联作为分流电阻改变电阻值即改变分流程度，当电流计指针指示到中间值，且总电流强度仍保持不变，显然这时分流电阻值就等于电流计的内阻。

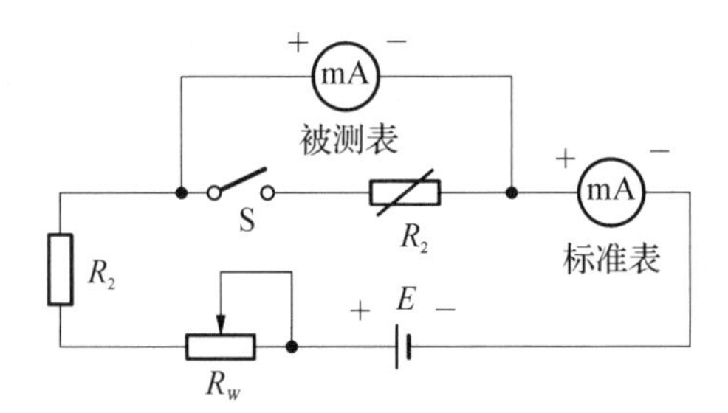

图4－2－1 中值法测量表头的内阻

2. 直流电流档的设计

图4－2－2为电流表的改装与校准电路图，其原理如图4－2－3示。设表头的内阻为 R_g，量程为 I_g，I_g 很小，只适用于测量微安级或毫安级的电流，若要测量较大的电流，就需要扩大电表的电流量程。方法是在表头两端并联电阻 R_p，使超过表头能承受的那部分电流从 R_p 流过。由表头和 R_p 组成的整体就是安培计，R_p 称为分流电阻。选用不同大小的 R_p，可以得到不同量程的安培计。设扩程后的电流档 I 为 I_g 的 n 倍，则 R_p 可根据并联分流公式：

$$I_gR_g=(I-I_g)R_p \tag{4-2-1}$$

可得

$$R_p = \frac{R_g}{n-1} \tag{4-2-2}$$

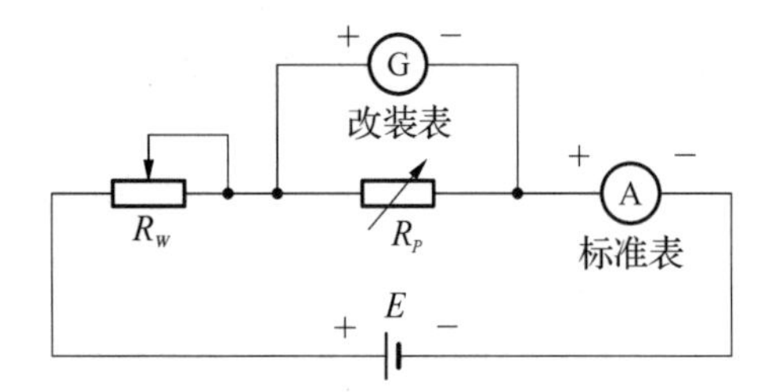

图 4-2-2 电流表的改装与校准电路图

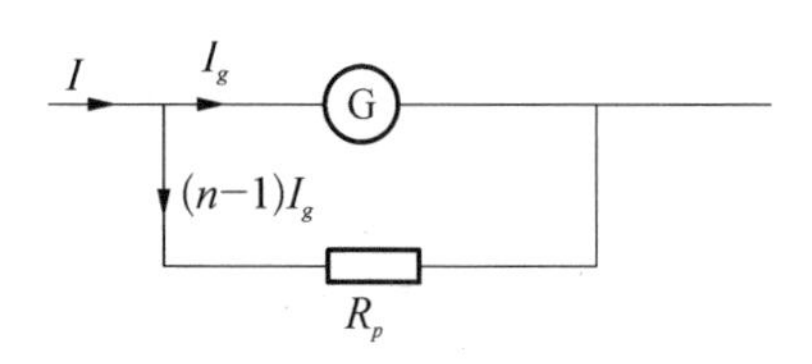

图 4-2-3 电流表的改装原理图

3. 直流电流档的设计

图 4-2-4 为电压表改装与校准电路图，其原理如 4-2-5 所示。

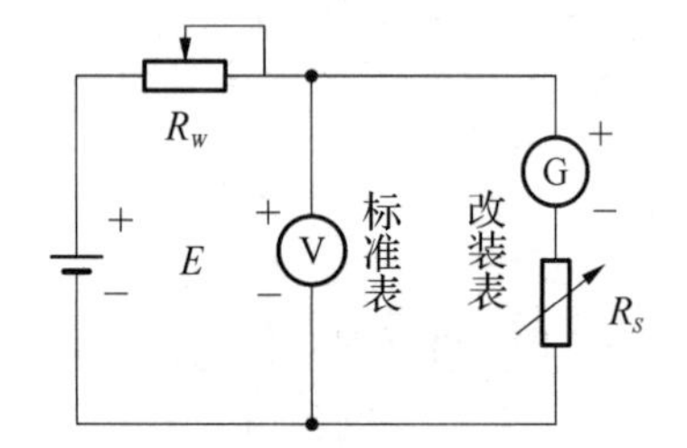

图 4-2-4 电压表改装与校准电路图

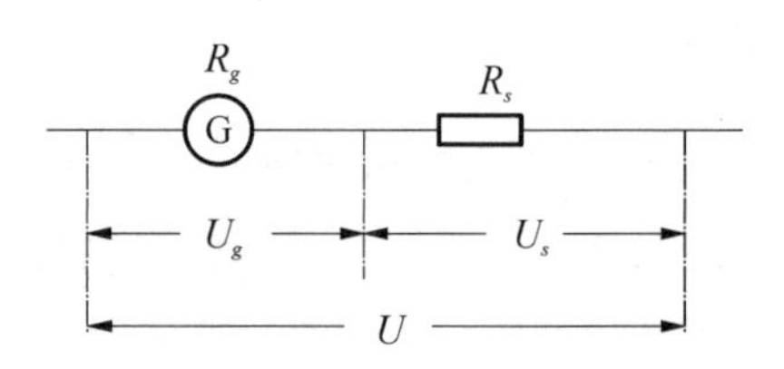

图 4-2-5 电压表的改装原理图

表头的满度电压也很小，一般为零点几伏。为了测量较大的电压，在表头上串联电阻 R_s，如图 4-2-5 所示，使超过表头所能承受的那部分电压降落在电阻 R_s 上。表头和串联电阻 R_s 组成的整体就是电压表，串联的电阻 R_s 称为扩程电阻。选用大小不同的 R_s，就可以得到不同量程的电压表。由图 4-2-5 可求得扩程电阻值为

$$R_s = \frac{U}{I_g} - R_g \tag{4-2-3}$$

4. 电表的标准误差和校准

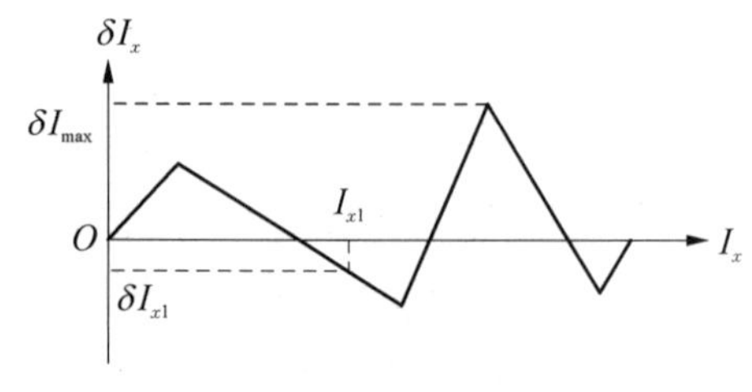

图 4-2-6 刻度校准曲线

用改装后的电表和标准电表去测同一电流或电压，记下误差和电流（或电压）的关系，就得到其刻度的校准曲线。以电流为例，设标准表的电流为 I_s，改装表的电流为 I_x，其误差 $\delta I_x = I_s - I_x$，则 I_x-δI_x 图即为刻度校准曲线图，如图4-2-6。

根据电表的刻度校准曲线图，可对其测量值进行校准。如图 4-2-6，设某测量值为 I_{x1}，则其校准值为 $I_{x1}(\mathrm{s}) = I_{x1} + \delta I_{x1}$，而其标准误差的计算公式为

$$标准误差 = \frac{最大绝对误差}{量程} \times 100\%$$

四、实验步骤

1. 用中值法测出表头的内阻,按图 4-2-1 接线。$R_g=$________Ω。

2. 将一个量程为 100 μA 的表头改装成 5 mA 量程的电流表。

(1) 根据(4-2-2)式计算出分流电阻值 $R_p=$________Ω,并按图 4-2-2 接线。

(2) 先将 R_W 调至最大,R_p 调至已知值,电源电压 E 调至 1 V,再逐渐减小 R_W 使改装表指到满量程,这时记录标准表读数。然后每隔 1 mA 逐步减小读数直至零点,再按原间隔逐步增大到满量程,每次记下标准表相应的读数,填至表 4-2-1。

(3) 以改装表读数 I_x 为横坐标,δI_x 为纵坐标,作出电流表的刻度校正曲线,并根据表中最大误差的数值算出标准误差。

3. 将一个量程为 100 μA 的表头改装成 1 V 量程的电压表。

(1) 根据(4-2-3)式计算扩程电阻的阻值 $R_s=$________Ω,按图 4-2-4 连接电路,用数显电压表作为标准表来校准改装的电压表。

(2) 先将 R_W 调至最大,R_s 调至已知值,调节电源电压,使改装表指针指到满量程,记下标准表读数。然后减小电源电压,使改装表读数每隔 0.2 V 逐步减小直至零点(如通过电压调节不能调到零点,可以调节 R_W),再按原间隔逐步增大到满量程,每次记下标准表相应的读数,填至表 4-2-2。

(3) 以改装表读数 U_x 为横坐标,δU_x 为纵坐标,作出电压表的刻度校正曲线,并根据表中最大误差的数值算出标准误差。

五、注意事项

1. 调节滑动变阻器 R_W 时不可力度过大,速度过快,以免损坏。

2. 实验时电源电压不可调至太高,一般不超过 1.5 V。

六、数据记录与处理

1. 将 100 μA 的表头改装成 5 mA 档的毫安表

$R_p=$________Ω。

表 4-2-1

I_x/mA	0.5	1.00	2.00	3.00	4.00	5.00
I_s(大→小)						
I_s(小→大)						
$\overline{I_s}$						
$\delta I_x=\overline{I_s}-I_x$						

2. 将 100 μA 的表头改装成 1.0 V 档的电压表

$R_s=$________Ω。

表 4-2-2

U_x/V	0.050	0.200	0.400	0.600	0.800	1.000
U_s(大→小)						
U_s(小→大)						
$\overline{U_s}$						
$\delta U_x=\overline{U_s}-U_x$						

七、思考与讨论

1. 电流表和电压表改装的原理分别是什么?
2. 是否还有其他的办法来测定电流计内阻?请说明具体方法并画出电路图。

4.3 二极管伏安特性的研究

一、实验目的

1. 掌握用伏安法测元件伏安特性时,电流表内接与外接的条件。
2. 了解二极管的正向伏安特性。
3. 掌握分压器的使用方法。

二、实验仪器

直流稳压电源,直流电流表,直流电压表,伏安特性实验模板,导线。

三、预习思考

1. 什么是分压电路?
2. 内接法和外接法引入的误差是怎样的?

四、实验原理

1. 二极管伏安特性的描述

对二极管施加正向偏置电压时,二极管中就有正向电流通过(多数载流子导电)。随着正向偏置电压的增加,开始时电流随电压变化很缓慢,而当正向偏置电压增至接近二极管导通电压时(锗管为 0.2 V 左右,硅管为 0.5~0.7 V 左右),电流急剧增加。二极管导通后,电压的少许变化,电流的变化都很大。

对二极管施加反向偏置电压时,二极管处于截止状态,反向电流很小,当反向电压增加至该二极管的击穿电压时,电流猛增,二极管被击穿。在二极管使用中应竭力避免出现击穿,这很容易造成二极管的永久性损坏。所以,在做二极管反向特性时,应串入限流电阻,以防因反向电流过大而损坏二极管。

二极管伏安特性示意如图4-3-1和图4-3-2所示。

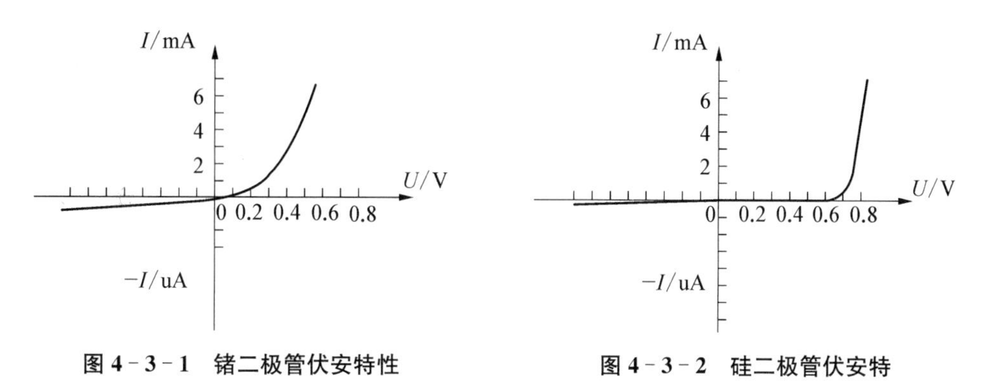

图4-3-1 锗二极管伏安特性 **图4-3-2 硅二极管伏安特**

2. 二极管伏安特性测量电路

用伏安法测量元件的伏安特性时，电流表有外接法(图4-3-3)和内接法(图4-3-4)两种方式，两种测量电路图如下。

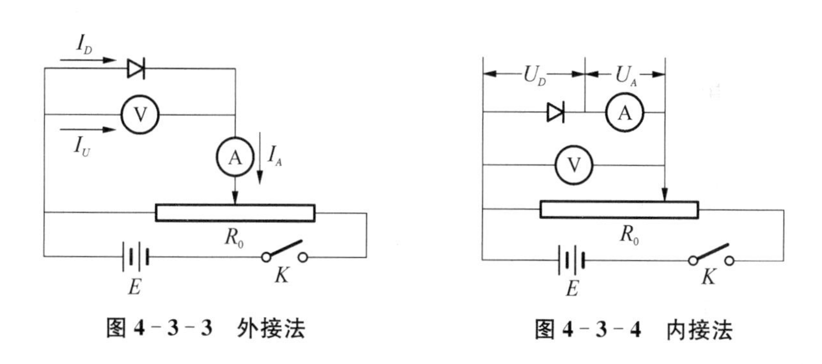

图4-3-3 外接法 **图4-3-4 内接法**

(1) 外接法

由图4-3-3可知，电压表指示数值为二极管两端的电压值U_D，但电流表指示数值却不是通过二极管的电流值I_D，而是I_D与通过电压表的电流I_U之和。要校正这种系统误差，就必须知道电压表内阻R_A，才能消除。

(2) 内接法

由图4-3-4可知，电流表指示数值为通过二极管的电流值I_D，但电压表指示数值却不是二极管的两端电压值U_D，而是U_D与电流表两端的电压U_A之和。要校正这种系统误差，就必须知道电流表内阻R_A，才能消除。

测量二极管的正向伏安特性时，二极管正向电阻小(约几十Ω)，电压表内阻R_A很大，可采用外接法，误差最小可忽略。

测量二极管的反向伏安特性时，二极管反向电阻大(约几十万Ω)，电流表内阻R_A很小，可采用内接法，这时误差最小可忽略。

五、实验步骤

1. 测量二极管的正向伏安特性，当二极管没有完全导通时，内阻较大，采用内接法。按图4-3-4连接线路，将滑线变阻器调至最小，直流稳压电压源调至1 V，逐渐调大滑线变阻器增大二极管两端的电压，按表 4－3－1 所示测量数据，并记录。

2. 测量二极管的正向伏安特性，当二极管完全导通时，内阻较小，采用外接法。按图 4－3－3连接线路，将滑线变阻器调至最小，直流稳压电压源调至 1 V，逐渐调大滑线变阻器增大二极管两端的电压，按表 4－3－2 所示测量数据，并记录。

3. 画出二极管正向伏安特性曲线。

六、注意事项

1. 电源、电表的正负极不能接反，确保电流从正极进负极出。

2. 电压表和电流表要选择合适的量程。

七、数据记录与处理

表 4－3－1

U/V	0.1	0.3	0.4	0.5	0.55	0.58	0.60
I/外接 mA							

表 4－3－2

U/V	0.62	0.64	0.66	0.68	0.70
I/内接 mA					

八、思考与讨论

用电流表和电压表测量时，改变量程对测量结果有无影响，为什么？

4.4 霍尔效应测量螺线管的磁场

霍尔效应是导电材料中的电流与磁场相互作用而产生电动势的效应。1879 年，美国的约翰·霍普金斯大学研究生霍尔在研究金属导电机制时发现了这种电磁现象，故称**霍尔效应**。

随着半导体材料和制造工艺的发展，人们利用半导体材料制成霍尔元件，由于它的霍尔效应显著而得到实用和发展。现在人们利用霍尔效应制成测量磁场的磁传感器，广泛用于电磁测量、非电量检测、电动控制和计算装置等方面。在电流体中的霍尔效应也是目前在研究中的“磁流体发电”的理论基础。

近年来，霍尔效应不断有新发现。1980 年，德国物理学家冯·克利青(K. Von Klitzing)研究二维电子气系统的输运特性，在低温和强磁场下发现了量子霍尔效应，这是凝聚态物理领域最重要的发现之一。目前，对量子霍尔效应正在进行深入研究，并取得了重要应用。例如，用于确定电阻的自然基准，可以极为精确地测量光谱精细结构常数等。

在磁场、磁路等磁现象的研究和应用中，霍尔效应及其元件是不可缺少的，利用它观测磁场具有直观、干扰小、灵敏度高的优点，本实验即利用霍尔效应测量螺线管的磁场。

一、实验目的

1. 了解霍尔效应原理。

2. 测绘霍尔元件的 $U_H - I_S$、$U_H - B$ 曲线，了解霍尔电压 U_H 与霍尔元件工作电流 I_S、外加磁场 B 之间的关系，计算霍尔元件的灵敏度 K_H。

3. 利用霍尔效应测量螺线管磁场分布。

二、实验仪器

ZKY－LS 螺线管磁场实验仪，ZKY－H/L 霍尔效应螺线管磁场测试仪。

三、实验原理

1. 霍尔效应

运动的带电粒子在磁场中受洛仑兹力的作用而偏转。当带电粒子（电子或空穴）被约束在固体材料中，这种偏转就导致在垂直电流和磁场的方向上产生正负电荷在不同侧的聚积，从而形成附加的横向电场。

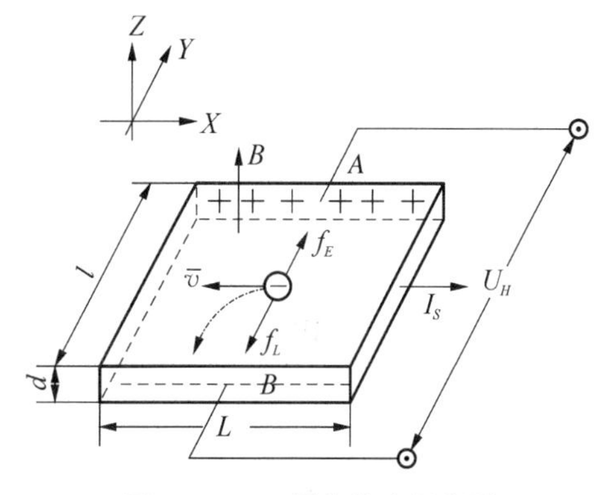

图 4－4－1　霍尔效应示意图

如图 4－4－1 所示，磁场 B 指向 Z 轴正向，与之垂直的半导体薄片上沿 X 轴正向通以工作电流 I_S，假设载流子为电子（N 型半导体材料），它将沿着与电流 I_S 相反的 X 轴负向运动。

洛仑兹力用矢量式表示为

$$f_L = -ev \times B \qquad (4-4-1)$$

式中：e 为电子电量；v 为电子运动平均速度；B 为磁感应强度。

由于洛仑兹力 f_L 的作用，电子向图中虚线箭头所指的位于 Y 轴负方向的 B 侧偏转，并使 B 侧形成电子积累，而相对的 A 侧形成正电荷积累。与此同时，运动的电子就将受到由于两种积累的异种电荷形成的反向电场力 f_E 的作用，该力的方向与洛仑兹力 f_L 相反。随着电荷积累量的增加，f_E 增大，当两力大小相等时，电子积累达到动态平衡。这时在 A、B 两端面之间建立的电场称为霍尔电场 E_H，相应的电势差称为霍尔电压 U_H。

设霍尔元件宽度为 l，厚度为 d，载流子浓度为 n，则霍尔元件的工作电流可表示为

$$I_S = nevld \qquad (4-4-2)$$

达到动态平衡后，电子所受的电场力大小为

$$f_E = eE_H = e\frac{U_H}{l} \qquad (4-4-3)$$

利用(4－4－2)式和(4－4－3)式，可将电子所受的洛仑兹力大小写成

$$f_L = evB = eB\frac{I_S}{neld} \tag{4-4-4}$$

将(4－4－3)式和(4－4－4)式代入受力平衡条件 $f_L = f_E$，则有

$$U_H = \frac{I_S B}{ned} = K_H I_S B \tag{4-4-5}$$

式中：$K_H = 1/(ned)$ 称为霍尔元件的灵敏度，它表示霍尔元件在单位磁感应强度和单位工作电流下的霍尔电压大小，其单位是[V/(A・T)]，一般要求 K_H 越大越好。

由于金属的电子浓度 n 很高，所以它的 K_H 不大，不适宜作霍尔元件。此外，元件厚度 d 越薄，K_H 越高，所以制作时往往采用减少 d 的办法来增加灵敏度。

2. 螺线管磁场

由描述电流产生磁场的毕奥-萨伐尔-拉普拉斯定律，经计算可得出通电螺线管内部轴线上某点的磁感应强度为

$$B = \frac{\mu_0}{2} nI(\cos\beta_2 - \cos\beta_1) \tag{4-4-6}$$

式中：$\mu_0 = 4\pi \times 10^{-7}$ H/m 为真空中的磁导率；n 为螺线管单位长度的匝数；I 为励磁电流强度；β_1 和 β_2 分别表示该点到螺线管两端的连线与轴线之间的夹角，如图 4－4－2 所示。

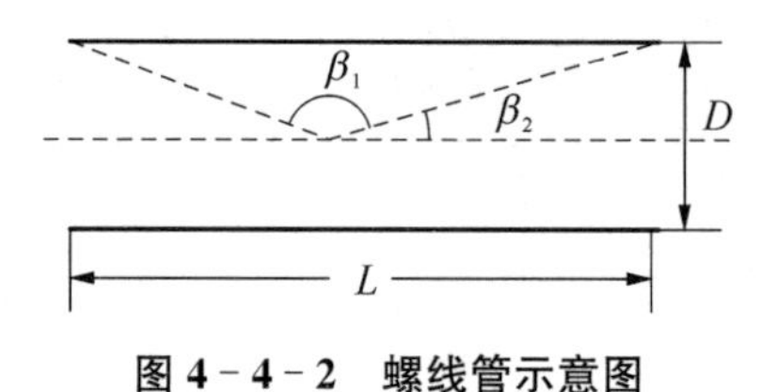

图 4－4－2　螺线管示意图

在螺线管轴线中央，$-\cos\beta_1 = \cos\beta_2 = L/(L^2 + D^2)^{1/2}$，(4－4－6) 式可表示为

$$B = \mu_0 nI\frac{L}{\sqrt{L^2 + D^2}} = \frac{\mu_0 nLI}{\sqrt{L^2 + D^2}} \tag{4-4-7}$$

四、实验步骤

1. 仪器的连接与预热。将 ZKY－LS 实验仪上工作电流输入端用连接线接 ZKY－H/L 测试仪“工作电流”座（红、黑各自对应，下同）；将 ZKY－LS 实验仪上霍尔电压输出端用连接线接ZKY－H/L测试仪“霍尔电压”座；将 ZKY－LS 实验仪上励磁电流输入端用鱼叉线接 ZKY－H/L 测试仪“励磁电流”接线柱；将测试仪与 220 V 交流电源接通，开机预热。

2. 测量霍尔电压 U_H 与磁感应强度 B 的关系。移动霍尔筒，使霍尔筒中心的霍尔元件处于螺线管中心位置。将控制工作电流的钮子开关打到正向，调节工作电流 $I_S =$ 6.00 mA。将控制励磁电流的钮子开关打到正向，调节励磁电流 $I = 0$、200、400、…、

1 000 mA,并由(4-4-7)式算出螺线管中央相应的磁感应强度。分别测量霍尔电压 U_H 值填入表4-4-1。为消除副效应对测量结果的影响,对每个测量点都要通过钮子开关改变 I 及 I_S 的方向,取四次测量绝对值的平均值作为测量值。依据测量结果绘出 U_H-B 曲线。

3. 测量霍尔电压 U_H 与工作电流 I_S 的关系。移动霍尔筒,使霍尔元件处于螺线管中心位置。调节励磁电流 I 为 600 mA,调节工作电流 $I_S=0$、2.00、4.00、…、10.00 mA,分别测量霍尔电压 U_H 值填入表4-4-2。对每个测量点都要通过钮子开关改变 I 及 I_S 的方向,取四次测量绝对值的平均值作为测量值。依据测量结果绘出 U_H-I_S 曲线。

4. 测量螺线管中磁感应强度 B 的大小及分布情况。将霍尔元件置于螺线管中心,调节 $I_S=5.00$ mA,$I=600$ mA,测量相应的 U_H。将霍尔筒从左侧缓慢移出,直至上标尺的"-150"点刚好处于螺线管支架边沿,记录此时的对应的 U_H 值。然后以-150刻度起,每隔30 mm选一个点,测出相应的 U_H 填入表4-4-3。计算出各点的磁感应强度,并绘出 $B-X$ 图,显示螺线管内 B 的分布状态。

五、注意事项

(1) 在开机之前,务必将电流的调节旋钮往左拧到最小,防止开机时电流过大烧坏仪器;

(2) 霍尔筒的滑动未限定,请在实验要求范围内滑动,取出或超出要求将损坏连接线;

(3) 由于励磁电流较大,所以千万不能将 I 和 I_S 接错,否则励磁电流将烧坏霍尔元件。

(4) 为了不使螺线管过热而受到损害,或影响测量精度,除在短时间内读取有关数据时通以励磁电流 I 外,其余时间必须断开励磁电流开关。

六、数据记录与处理

1. 测量 V_H-B 关系,将测量数据记录于表4-4-1。

表4-4-1 测量 U_H-B 关系($I_S=6.00$ mA)

I/mA	B/mT	U_1/mV $+I,+I_S$	U_2/mV $-I,+I_S$	U_3/mV $-I,-I_S$	U_4/mV $+I,-I_S$	$U_H=\frac{\lvert U_1\rvert+\lvert U_2\rvert+\lvert U_3\rvert+\lvert U_4\rvert}{4}$/mV
0						
200						
400						
600						
800						
1 000						

依据测量结果绘出 U_H-B 曲线,并求出霍尔元件的灵敏度 K_H。

2. 测量 U_H-I_S 关系，将测量数据记录于表 4-4-2 中。

表 4-4-2　测量 U_H-I_S 关系（I=600 mA）

I_S/mA	U_1/mV $+I,+I_S$	U_2/mV $-I,+I_S$	U_3/mV $-I,-I_S$	U_4/mV $+I,-I_S$	$U_H=\frac{\|U_1\|+\|U_2\|+\|U_3\|+\|U_4\|}{4}$/mV
0					
2.00					
4.00					
6.00					
8.00					
10.00					

依据测量结果绘出 U_H-I_S 曲线，并求出霍尔元件的灵敏度 K_H。

3. 测量 B-X 关系，将测量数据记录于表 4-4-3 中。

表 4-4-3　测量 B-X 关系（I=600 mA，I_S=5.00 mA）

X /mm	U_1/mV $+I,+I_S$	U_2/mV $-I,+I_S$	U_3/mV $-I,-I_S$	U_4/mV $+I,-I_S$	$U_H=\frac{\|U_1\|+\|U_2\|+\|U_3\|+\|U_4\|}{4}$/mV	B /mT
−150						
−120						
…						
0						
…						
120						
150						

依据测量结果绘出 B-X 曲线，显示螺线管内磁场 B 的分布状态。

七、思考与讨论

1. 若磁感应强度 B 和霍尔元件平面不完全正交，测出的霍尔元件的灵敏度 K_H 比实际值大还是小？要准确测定值应怎样进行？

2. 实验中在产生霍尔效应的同时，还会产生那些副效应？如何消除副效应的影响？

4.5　电子秤压力传感器实验

在日常生活和生产中，电子秤已经得到了广泛的应用，电子秤是通过压力传感器，把被测量物体的质量转换成电信号输出，通过放大器放大后，由二次仪表直接显示出来。

一、实验目的

1. 了解电阻应变片的应变效应和性能，非平衡单臂电桥的工作原理。

2. 测量应变式传感器的压力特性,计算其灵敏度。

3. 测量应变式传感器的电压特性,计算其灵敏度。

二、实验仪器

数字直流稳压电源,压力传感器实验模板,1 000 g 压力传感器,100 g、200 g、500 g 砝码组,数字万用表,3.5 mm 双香蕉插头连接线若干,1.5 mm 双香蕉插头连接线若干,秤盘(底下钻有孔),压力传感器实验装置。

三、实验原理

1. 压力传感器

应变式压力传感器的结构如图 4-5-1 所示,主要由双孔平衡梁和粘贴在梁上的电阻应变片 R_1~R_4 组成,电阻应变片一般由敏感栅、基底、黏合剂、引线、盖片等组成。

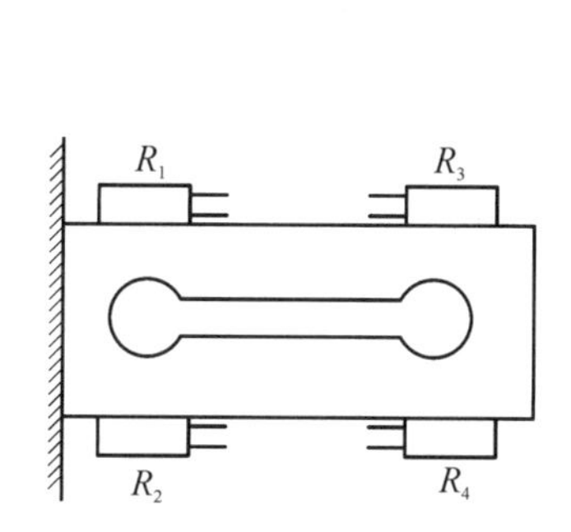

图 4-5-1 压力传感器的结构图

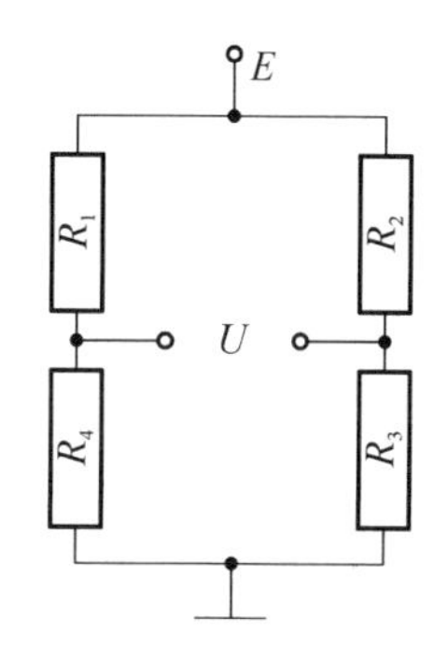

图 4-5-2 压力传感器原理图

在测试时,将应变片用黏合剂牢固地粘贴在被测试件的表面上,随着试件受力变形,应变片的敏感栅也获得同样的形变,从而使电阻随之发生变化。通过测量电阻值的变化可反映出外力作用的大小。

压力传感器是将四片电阻分别粘贴在弹性平行梁的上、下两表面适当的位置,梁的一端固定,另一端自由,用于加载荷外力 F。弹性梁受载荷作用而弯曲,梁的上表面受拉,电阻片 R_1 和 R_3 也受拉伸作用电阻增大;梁的下表面受压,R_2 和 R_4 电阻减小。这样,外力的作用通过梁的形变而使四个电阻值发生变化,这就是压力传感器。应变片 $R_1=R_2=R_3=R_4$。

2. 压力传感器的压力特性

应变片可以把应变的变化转换为电阻的变化。为了显示和记录应变的大小,还需把电阻的变化再转化为电压或电流的变化。最常用的测量电路为电桥电路。由应变片组成的全桥测量电路如图 4-5-2 所示,当应变片受到压力作用时,引起弹性体的变形,使得粘贴在弹性体上的电阻应受片 R_1~R_4 的阻值发生变化,电桥将产生输出,其输出电压正比于所受到的压力。

3. 传感器供桥电压 E 与电桥输出电压 U 的关系

改变传感器工作电压 E,其输出电压 U 正比于工作电压 E。

4. 压力传感器灵敏度及线性

在一定的供桥电压下，单位荷载变化(ΔP)所引起的输出电压变化(ΔU)，用 S_P 表示，即

$$S_P = \Delta U/\Delta P \tag{4-5-1}$$

5. 压力传感器电压灵敏度

即在额定荷载下，供桥电压变化所引起的输出变化，用 S_V 表示，则

$$S_V = \Delta U/\Delta E \tag{4-5-1}$$

6. 电子秤的设计

由于应变式压力传感器输出的电压仅为毫伏量级，如果后级采用数字电压表作为显示仪表。则应把荷重传感器输出的毫伏信号放大到相应的电压信号输出。整套装置的组成框图如图 4-5-3 所示。

力信号 → 荷重传感器 → 电信号 → 信号放大 → 电信号 → 显示屏

图 4-5-3 装置的组成框图

四、实验步骤

1. 压力传感器的压力特性的测量

(1) 将 1 000 g 传感器输出电缆线接入压力传感器实验模板的电缆座中，用导线将压力传感器实验模板中的电桥输出端与万用表输入端相连，测量选择置于 200 mV，然后用导线将压力传感器实验模板中的电桥的电源端与数字直流稳压电源的电压输出端相连。接通电源，调节供桥电压为 5 V，按顺序增加砝码的数量(每次增加 100 g)至 1 000 g，分别测量传感器的输出电压。

(2) 按顺序减去砝码的数量(每次减去 100 g)至 0 g，分别测传感器的输出电压。

(3) 用逐差法处理数据，求灵敏度 S_P。

2. 压力传感器的电压特性的测量

保持传感器的压力不变(如 500 g)，改变供桥电压分别为 2 V、3 V、4 V、6 V、7 V、8 V、9 V、10 V，测量传感器供桥电压 E 与电桥输出电压 U 的关系，作 $U-E$ 关系曲线，用逐差法处理数据，求灵敏度 S_V。

3. 设计一台电子秤

(1) 用导线连接实验仪各电源插座和实验模板相对应的接线柱，数字直流稳压电源供给模板电桥的电压调至 2～5 V，并将 1 000 g 传感器电缆线接入实验模板；用导线短路放大器输入端，放大器的输出端与万用表输入相连，测量选择置 DC 2 V 档，打开实验电源开关，调节放大器调零旋钮使放大器输出电压为 0.00 mV；去掉短路线用连接线将放大器

的输入端与非平衡电桥的输出端(V01)相连,放大器的输出端与万用表输入相连,万用表测量选择置DC200 mV档。

(2) 在压力传感器秤盘上没有任何重物时,测量放大器的输出电压,调节零点调节R_{w1}旋钮使放大器的输出电压为0.00 mV。

(3) 将1 000 g标准砝码置于压力传感器秤盘上,测量放大器的输出电压,调节放大倍数调节R_{w3}旋钮使放大器的输出电压为10.00 mV(0.01 mV相当于1 g)。如达不到要求,可适当调节电桥的输入电压。

(4) 改变压力传感器秤盘上的标准砝码,检验放大器的输出电压与标准砝码的标称值是否对应。

(5) 重复(2)、(3)步操作,使误差最小。

(6) 评估(校准)设计制作的电子秤,作校准曲线。

五、注意事项

1. 不能用力按压秤盘,以免损坏。
2. 供桥电压不可调至过大。

六、数据记录与处理

1. 压力传感器的压力特性的测量。

$E=5$ V。

表4-5-1

P/g	0	100	200	300	400	500	600	700	800	900	1 000
$U_{增}$/mV											
$U_{减}$/mV											

2. 压力传感器的电压特性的测量。

$P=1\,000$ g。

表4-5-2

E/V	1	2	3	4	5	6	7	8	9	10
U/mV										

3. 设计压力传感器电子秤。

$E=5$ V。

表4-5-3

P/g	0	100	200	300	400	500	600	700	800	900	1 000
U /mV	0.00										10.00

七、思考与讨论

单臂电桥中,当两组对边电阻值 R 相同时,即 $R_1=R_3$,$R_2=R_4$,而 $R_1\neq R_2$ 时,是否可以组成全桥,为什么?

4.6 整流、滤波电路实验

一、实验目的

1. 熟悉单相半波、桥式整流电路。
2. 观察了解电容滤波作用。

二、实验仪器

低频功率信号源,通用示波器,数字万用表,二极管(IN4007),电容,电阻,电位器,短接桥和连接导线,九孔插件方板。

三、实验原理

1. 整流电路

常见的整流电路有半波整流、全波整流和桥式整流电路等。这里介绍半波整流电路和桥式整流电路。

(1) 半波整流电路

如图 4-6-1 所示为半波整流电路,交流电压 U 经二极管 D 后,由于二极管单向导电性,只有信号的正半周 D 能够导通,在 R 上形成压降;负半周 D 截止。

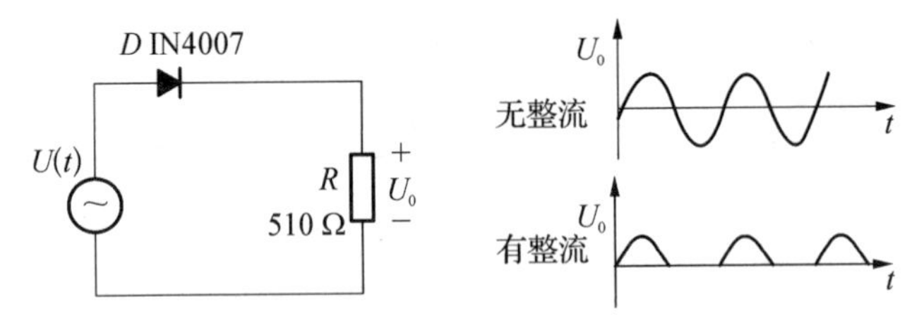

图 4-6-1 半波整流电路

(2) 桥式整流电路

如图 4-6-2 所示电路为桥式整流电路。在交流信号的正半周,D_2、D_3 导通,D_1、D_4 截止;负半周 D_1、D_4 导通,D_2、D_3 截止,所以在电阻 R 上的压降始终为上"+"下"−"。与半波整流相比,信号的另半周也有效地利用了起来,减小了输出的脉动电压。可用示波器比较桥式整流与半波整流的波形区别。

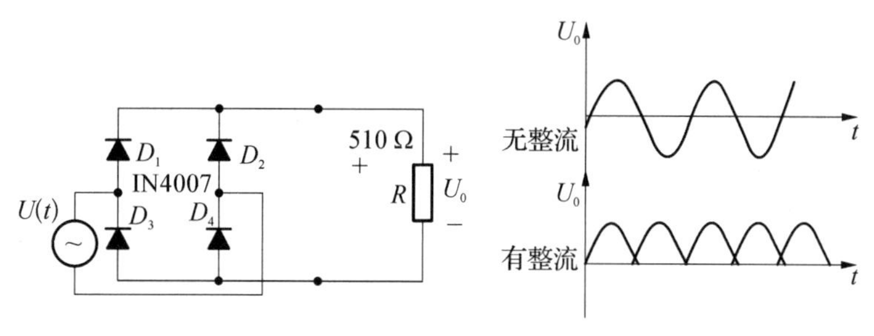

图 4-6-2 桥式整流电路

2. 桥式滤波电路

单相桥式电容滤波整流电路如图 4-6-3 所示。在负载电阻上并联一个滤波电容 C,在 D 导通期间,电源向负载 R 提供电流的同时,向电容器 C 充电,一直充到最大值,电源达到最大值以后,逐渐下降。而电容器两端的电压不能发生突变,仍然保持较高电压。这时 D 受反向电压,不能导通,截止期间,电容 C 放电。由于 R 和 C 比较大,放电速度很慢,在电源下降期间,电容两端的电压下降不多。当电源下一个周期来到,并升高到大于 U_C 时,又再次对电容器充电。如此重复,电容器两端便保持了一个较平稳的电压,在波形图上呈现出比较平滑的波形。可用示波器比较不同 C 值和 R 值时的波形差别,不同电源频率时的差别。

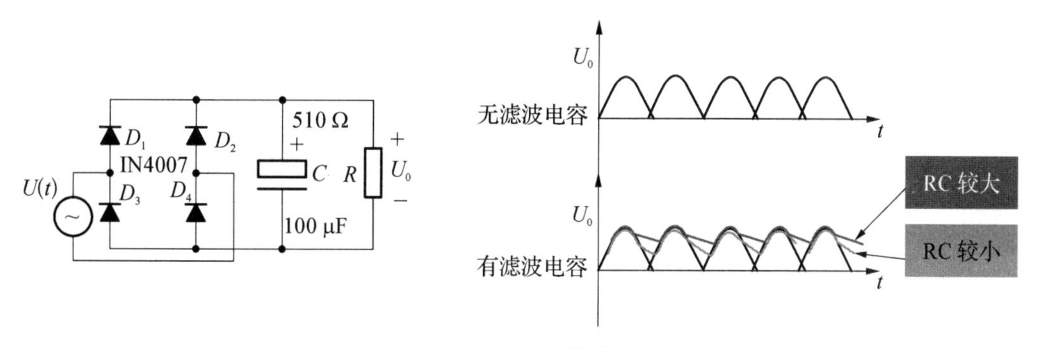

图 4-6-3 桥式电容滤波整流电路

整流电路是利用二极管的单向导电性,将交流电转变为脉动的直流电;滤波电路是利用电抗性元件(电容、电感)的贮能作用,以平滑输出电压。

四、实验步骤

1. 半波整流、桥式整流的电路分别如图 4-6-1、图 4-6-2 所示,按图连接这两种电路,预先把信号源的频率调节到 50 Hz,幅度 3 V 左右,用示波器观察记录 U_i 及 U_0 的波形,并测量 U_i(有效值)、U_0(有效值)。

2. 桥式电容滤波整流电路如图 4-6-3 所示,按图连接电路,分别测量不同 C 和 R 值时的波形与 U_0。

五、注意事项

1. 九孔插件方板中的九孔是连通的，不可将元件的两端同时接入同一个九孔中。
2. 示波器信号源的耦合方式应选择交直流耦合。

六、数据记录与处理

1. 半波整流和桥式整流数据，如表 4-6-1 所示。

表 4-6-1　半波整流和桥式整流数据记录

类别	U_i		U_0	
	波形	电压	波形	电压
半波整流				
桥式整流				

2. 桥式电容滤波整流数据，如表 4-6-2 所示。

表 4-6-2　桥式电容滤波整流数据记录

电容	$R=510\ \Omega$		$R=100\ \Omega$	
	波形	U_0	波形	U_0
$C=100$ uF				
$C=10$ uF				

七、思考与讨论

桥式整流电路若有一个二极管损坏（分别从开路和短路两种情况讨论），将会出现什么情况？

4.7　直流单臂电桥测电阻

直流电桥是一种利用比较法进行测量的电学测量仪器。比较法的中心思想是将待测量与标准量进行比较以确定其数值，具有测试灵敏度高和使用方便等优点。随着微电子技术的日益成熟，电桥在电路设计中的重要性越来越明显，这也造成很多电路设计中都会带有电桥。因此，学习电桥的工作原理和使用方法非常有意义。

一、实验目的

1. 掌握直流单臂电桥测电阻的原理，学会用惠斯通电桥测中值电阻的方法。
2. 了解电桥灵敏度的概念。

二、实验仪器

箱式电桥一个，待测电阻三个。

三、实验原理

1. 基本原理

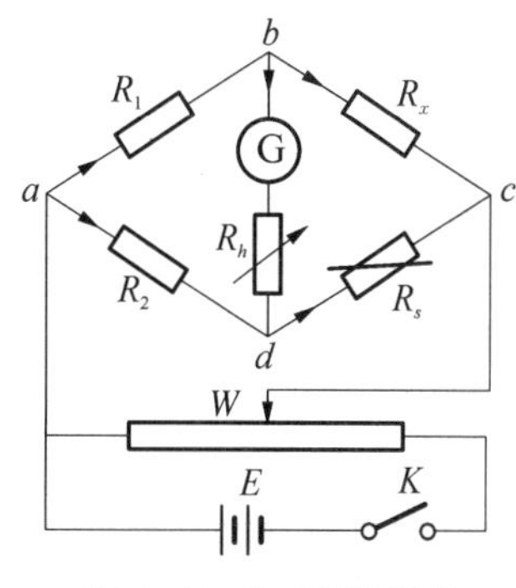

图4-7-1 直流单臂电桥电路图

在电学量(如电阻、电容、电感等)测量中,由于电桥电路具有结构简单、数据准确和测量方便等特点,因此是应用最广泛的测量电路之一。本实验用直流电桥测电阻,测量电路如图4-7-1所示。

图中R_1、R_2、R_s和R_x(待测电阻)是电桥的四个臂,一般称R_1、R_2为比例臂,R_s为比较(或调节)臂。b、d两点间由一可调电阻R_h(对G起保护作用)和检流计G串联后相连接,这就是所谓的"桥"。"桥"的作用是将b、d两点的电位进行比较,当b、d两点电位不相等时,检流计中就会有电流通过(检流计指针是否一定会发生偏转?为什么);当b、d两点电位相等时,检流计中无电流通过,$I_g=0$),检流计指针无偏转(通常指针指"0"),此时电桥达到平衡。实验中是认为当检流计指针无偏转,同时$R_h=0$(为什么)时,电桥达到平衡。平衡时流过R_1和R_x的电流相同,设为I_1,流过R_2和R_s的电流相同,设为I_2,则

$$\left.\begin{aligned}U_{ab}=U_{ad}\rightarrow I_1R_1=I_2R_2\\U_{bc}=U_{dc}\rightarrow I_1R_x=I_2R_s\end{aligned}\right\}\qquad(4-7-1)$$

(4-7-1)式称为电桥的平衡条件。

由(4-7-1)式可得

$$R_x=\frac{R_1}{R_2}R_s\qquad(4-7-2)$$

(4-7-2)式称为电桥的平衡方程。由(4-7-2)式可见,只要选择合适的R_1、R_2和R_s的值使电桥平衡,就可由(4-7-2)式计算出R_x的电阻值。

2. 箱式电桥

若将电桥电路安装在一个箱子内,各操作旋钮安装有箱子的面棋逢板上,这就构成了一个"箱式电桥"。本实验所用的箱式电桥为QJ23型携带式直流单电桥,其内部电路如图4-7-2所示。

图4-7-2中:×0.001、×0.01、×0.1、×1、×10、×100、×1 000是比率臂的七个值;9×1 Ω、9×10 Ω、9×100 Ω、9×1 000 Ω这四个可调电阻相串联,是比较臂电阻R_x,它们的数值都标注在面板上相应的转盘上,R_x是被测电阻。电源开关B、检流计开关G、R_x接线柱以及外接电源接线柱也在面板上,本实验采用内接电源(已安装好)。实验时,若将被测电阻R_x接入其标柱接线柱,只要选择适当的比率臂比值,然后调节R_x,使电桥达到平衡,就可由$R_x=\frac{R_1}{R_2}R_s$计算R_x的电阻值。

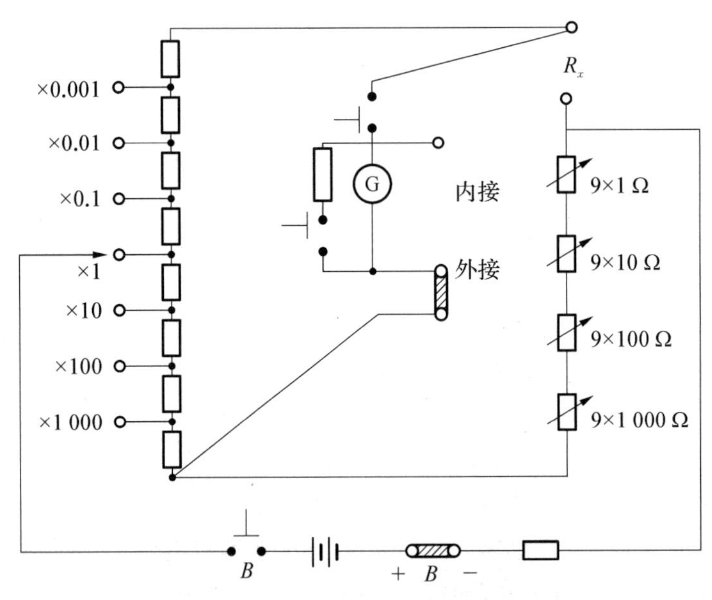

图 4-7-2　箱式电桥内部电路图

3. 电桥灵敏度

当电桥平衡时，检流计指针指零，若使任一桥臂电阻 R_i 改变 ΔR_i，则电桥失去平衡，从而使检流计指针发生偏转 ΔN 格，则定义电桥的绝对灵敏度 $S_{绝}$ 为

$$S_{绝}=\frac{\Delta N}{\Delta R_i} \tag{4-7-3}$$

定义电桥的相对灵敏 $S_{相}$ 为

$$S_{相}=\frac{\Delta N}{\Delta R_i/R_i} \tag{4-7-4}$$

若根据检流计的电流灵敏度定义 :$S_i=\dfrac{\Delta N}{\Delta I_g}$，应用基尔霍夫定律或戴维南定理，可推导出电桥的相对灵敏度与电桥电路中各元件的参数的关系式为

$$S_{相}=\frac{S_iE}{(R_1+R_2+R_S+R+R_x)+R_g\left(1+\dfrac{R_x}{R_1}\right)\left(1+\dfrac{R_2}{R_s}\right)} \tag{4-7-5}$$

(4-7-5)式给我们指出了提高电桥灵敏度的几种方法。

在实验中，电桥是否平衡是以检流计是否指零来判断的。由于存在视差(通常取视差为 $\Delta b=0.2$ 格)，会给结果带来一定的误差，误差大小取决于电桥的灵敏度。另一方面，检流计指针指零与电桥平衡并不完全等价，因检流计指零时，仍可能有一微小电流流过检流计，只是此微小电流不足以使检流计发生偏转，以致无法观察到。这必然会给结果带来一定的误差，这个误差的大小取决于电桥的灵敏度。引入电桥灵敏度概念，研究提高电桥灵敏度的方法，可找到提高测量结果精度的方法。

四、实验步骤

1. 利用箱式电桥测量 R_x。

(1) 检流计指针调零。

(2) 粗测电阻,找到正确的量程倍率。

(3) 逐渐增大电桥灵敏度,调节 R_s,使电桥平衡。

2. 计算桥臂准确度给结果带来的误差(绝对误差)。

五、注意事项

1. 仪器面板上的"B"和"G"两个按钮不可全部按下去,只能按下去其中一个按钮,另外一个按钮采用试触法。

2. 检流计在使用之前需调零。

六、数据记录与处理

表 4-7-1

电阻	R_s	量程倍率	最大量程	准确度等级
R_{x1}				
R_{x2}				
R_{x3}				

七、思考与讨论

1. 电桥电路连接无误,无论如何调节,检流计总是向同一个方向偏转,说明可能有哪些故障?

2. 下列情形中哪些会使测量结果误差增大?

(1) 检流计未调好零点。

(2) 连接 R_x 的导线细而长。

(3) 检流计灵敏度降低。

(4) 电源电压降低或太小。

(5) 电源电压不够稳定。

4.8 电子束在电磁场中运动规律的研究

电子束测试仪用来研究电子在电场、磁场中的运动规律。该仪器采用一体式设计,便于学生操作,五个表头分别显示电偏转电压、磁偏转电流、阳极电压、聚焦电压及磁聚焦电流,性能稳定可靠,结构更加合理。内置电偏转电源、磁偏转电源及磁聚焦电源。不需附加任何仪器,即可完成电偏转、磁偏转、电聚焦、磁聚焦等实验内容。

一、实验目的

1. 测试电偏转。
2. 测试磁偏转。
3. 测试电聚焦。
4. 测试磁聚焦和电子荷质比。

二、实验仪器

DH4521 电子束测试仪,示波管,电缆连接线若干。

三、实验原理

1. 电偏转

(1) 原理

在阴极射线管中,如图 4-8-1 所示。

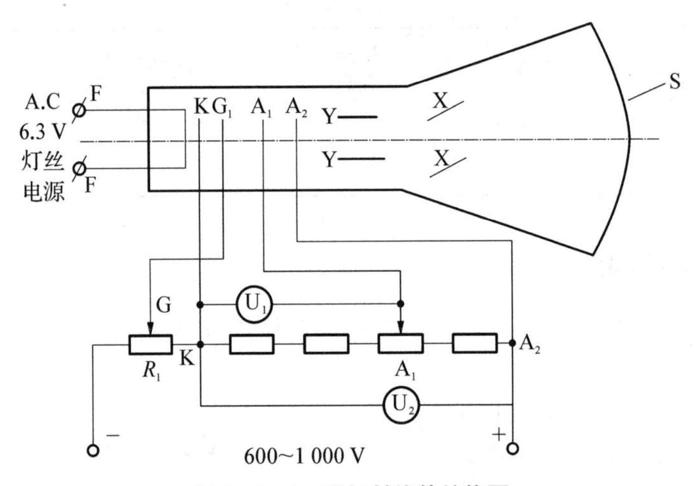

图 4-8-1 阴极射线管结构图

图 4-8-1 中,K 为阴极;G 为栅极;A_1 为聚焦阳极;A_2 为第二阳极;Y 为垂直偏转板;X 为水平偏转板;S 为荧光屏。由阴极 K,控制栅极 G,阳极 A_1、A_2…组成电子枪。阴极被灯丝加热而发射电子,电子受阳极的作用而加速。

电子从阴极发射出来时,可以认为它的初速度为零。电子枪内阳极 A_2 相对阴极 K 具有几百甚至几千伏的加速正电位 U_2,它产生的电场使电子沿轴向加速。电子从速度为 0 到达 A_2 时速度为 v。由能量关系有

$$\frac{1}{2}mv^2 = eU_2,\text{所以 } v = \sqrt{\frac{2eU_2}{m}} \tag{4-8-1}$$

过阳极 A_2 的电子具有 v 的速度进入两个相对平行的偏转板间。若在两个偏转板上加上电压 U_d,两个平行板间距离为 d,则平行板间的电场强度 $E=\frac{U_d}{d}$,电场强度的方向

与电子速度 v 的方向相互垂直，如图4-8-2所示。

设电子的速度方向为 Z 轴，电场方向为 Y（或 X）轴。当电子进入平行板空间时，$t_0=0$，电子速度为 v，此时有 $v_z=v$，$v_y=0$。设平行板的长度为 l，电子通过 l 所需的时间为 t，则有

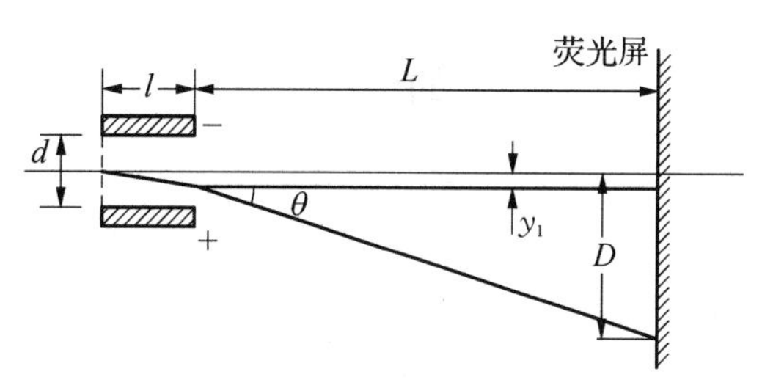

图4-8-2 电子运动示意图

$$t=\frac{l}{v_Z}=\frac{l}{v} \tag{4-8-2}$$

电子在平行板间受电场力的作用，电子在与电场平行的方向产生的加速度为 $a_y=\dfrac{-eE}{m}$，式中 e 为电子的电量；m 为电子的质量；负号表示 a_y 方向与电场方向相反。当电子射出平行板时，在 y 方向电子偏离轴的距离为

$$y_1=\frac{1}{2}a_yt^2=\frac{1}{2}\frac{eE}{m}t^2 \tag{4-8-3}$$

将 $t=\dfrac{l}{v}$ 代入(4-8-3)式得

$$y_1=\frac{1}{2}\frac{eE}{m}\frac{l^2}{v^2} \tag{4-8-4}$$

再将 $v=\sqrt{\dfrac{2eU_2}{m}}$ 代入(4-8-4)式得

$$y_1=\frac{1}{4}\frac{U_dl^2}{U_2d} \tag{4-8-5}$$

由图4-8-2可以看出，电子在荧光屏上偏转距离 D 为

$$D=y_1+L\tan\theta,\ \tan\theta=\frac{v_y}{v_z}=\frac{a_yt}{v}=\frac{U_dl}{2U_2d} \tag{4-8-6}$$

将(4-8-5)式、(4-8-6)式代入得

$$D=\frac{1}{2}\frac{U_dl}{U_2d}\left(\frac{l}{2}+L\right) \tag{4-8-7}$$

从4-8-7式可看出，偏转量 D 随 U_d 地增加而增加，与 $\dfrac{l}{2}+L$ 成正比。偏转量 D 与 U_2 和 d 成反比。

(2) 实验步骤

实验装置的仪器面板如图4-8-3所示。

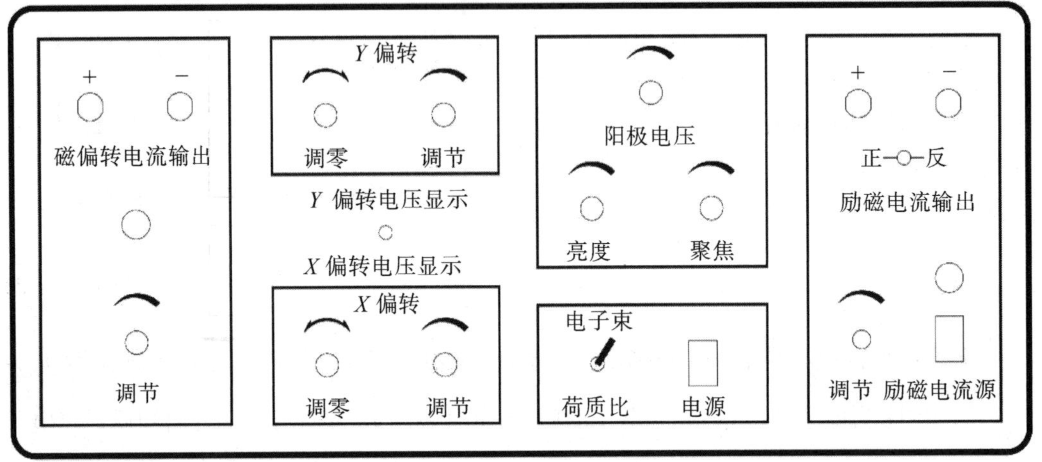

图 4-8-3　实验装置仪器面板图

① 先用专用 10 芯电缆连接测试仪和示波管，再开启电源开关，将“电子束-荷质比”选择开关打向电子束位置，辉度适当调节，并调节聚焦，使屏上光点聚成一细点(应注意：光点不能太亮，以免烧坏荧光屏)。

② 光点调零，将面板上钮子开关打向 X 偏转电压显示，调节“X 调节”旋钮，使电压表的指针在零位，再调节 X 调零旋钮，使光点位于示波管垂直中线上；同 X 调零一样，将面板上钮子开关打向 Y 偏转电压显示，将 Y 调节后，光点位于示波管的中心原点。

③ 测量偏转量 D 随电偏转电压 U_d 变化：调节阳极电压旋钮，给定阳极电压 U_2。将电偏转电压表显示打到显示 Y 偏转调节(垂直电压)，改变 U_d 测一组 D 值。改变 U_2 后再测 $D-U_d$ 变化(U_2：600～1 000 V)。

④ 求 Y 轴电偏转灵敏度 D/U_d，并说明为什么 U_2 不同，D/U_d 不同。

⑤ 同 Y 轴一样，也可以测量 X 轴的电偏转灵敏度。

2. 磁偏转

(1) 原理

电子通过 A_2 后，若在垂直于 z 轴的 X 方向放置一个均匀磁场，那么以速度 v 飞越的电子在 Y 方向上也将发生偏转。由于电子受洛仑兹力 $F=eBv$，大小不变，方向与速度方向垂直，因此，电子在 F 的作用下做匀速圆周运动。洛仑兹力就是向心力，有 $evB=\frac{mv^2}{R}$，所以 $R=\frac{mv}{eB}$。

电子离开磁场将沿切线方向飞出，直射荧光屏。

(2) 实验步骤

依照图 4-8-4 完成以下步骤。

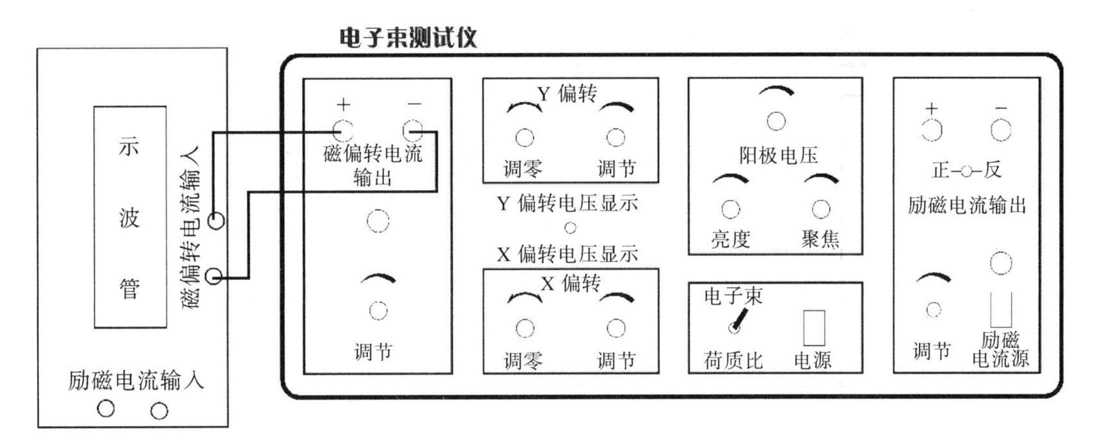

图 4－8－4　实验连线图

① 开启电源开关，将“电子束-荷质比”选择开关打向电子束位置，辉度适当调节，并调节聚焦，使屏上光点聚成一细点（注意：光点不能太亮，以免烧坏荧光屏）。

② 光点调零，通过调节“X 调节”和“Y 调节”旋钮，使光点位于 Y 轴的中心原点。

③ 测量偏转量 D 随磁偏转电流 I 的变化，给定 U_2，将磁偏转电流输出与磁偏转电流输入相连，调节磁偏转电流调节旋钮（改变磁偏转线圈电流的大小）测量一组 D 值。改变磁偏转电流方向，再测一组 $D-I$ 值。改变 U_2，再测两组 $D-I$ 数据（U_2：600～1 000 V）。通过钮子开关切换磁偏转电流方向，再次实验。

④ 求磁偏转灵敏度 D/I，并解释为什么 U_2 不同，D/I 不同。

3. 电聚焦

(1) 原理

电子射线束的聚焦是所有射线管如示波管、显像管和电子显微镜等都必须解决的问题。在阴极射线管中，阳极被灯丝加热发射电子。电子受阳极产生的正电场作用而加速运动，同时又受栅极产生的负电场作用只有一部分电子能通过栅极小孔而飞向阳极。改变栅极电位能控制通过栅极小孔的电子数目，从而控制荧光屏上的辉度。当栅极上的电位负到一定的程度时，可使电子射线截止，辉度为零。

聚焦阳极和第二阳极是由同轴的金属圆筒组成。由于各电极上的电位不同，在它们之间形成了弯曲的等位面、电力线。这样就使电子束的路径发生弯曲，类似光线通过透镜那样产生了会聚和发散，这种电子组合称为**电子透镜**。改变电极间的电位分布，可以改变等位面的弯曲程度，从而达到电子透镜的聚焦。

(2) 实验步骤

依照图 4－8－3 完成以下步骤：

① 开启电源开关，将“电子束-荷质比”选择开关打向电子束位置，辉度适当调节，并调节聚焦，使屏上光点聚成一细点（注意：光点不能太亮，以免烧坏荧光屏）。

② 光点调零，通过调节“X 调节”和“Y 调节”旋钮，使光点位于 Y 轴的中心原点。

③ 调节阳极电压 U_2 分别为 600～1 000 V，对应的调节聚焦旋钮（改变聚焦电压）使光点达到最佳的聚焦效果，测量出各对应的聚焦电压 U_1。

④ 求出U_2/U_1。

4. 磁聚焦和电子荷质比的测量

(1) 原理

置于长直螺线管中的示波管，在不受任何偏转电压的情况下，示波管正常工作时，调节亮度和聚焦，可在荧光屏上得到一个小亮点。若第二加速阳极 A_2 的电压为U_2，则电子的轴向运动速度用$v_{/\!/}$表示，则有

$$v_{/\!/}=\sqrt{\frac{2eU_2}{m}} \tag{4-8-8}$$

当给其中一对偏转板加上交变电压时，电子将获得垂直于轴向的分速度(用$v_\perp$表示)，此时荧光屏上便出现一条直线，随后给长直螺线管通一直流电流I，于是螺线管内便产生磁场，其磁场感应强度用B表示。众所周知，运动电子在磁场中要受到洛仑兹力$F=ev_\perp B$的作用，显然$v_{/\!/}$受力为零，电子继续向前做直线运动，而$v_\perp$受力最大为$F=ev_\perp B$，这个力使电子在垂直于磁场(也垂直于螺线管轴线)的平面内做圆周运动，设其圆周运动的半径为R，则有

$$ev_\perp B=\frac{mv_\perp^2}{R},R=\frac{mv_\perp^2}{ev_\perp B} \tag{4-8-9}$$

圆周运动的周期为

$$T=\frac{2\pi R}{v_\perp}=\frac{2\pi m}{eB} \tag{4-8-10}$$

电子既在轴线方面做直线运动，又在垂直于轴线的平面内做圆周运动。它的轨道是一条螺旋线，其螺距用h表示，则有

$$h=v_{/\!/}T=\frac{2\pi}{B}\sqrt{\frac{2mU_2}{e}} \tag{4-8-11}$$

有趣的是，我们从(4-8-10)式、(4-8-11)式可以看出，电子运动的周期和螺距均与$v_\perp$无关。不难想象，电子在做螺线运动时，它们从同一点出发，尽管各个电子的$v_\perp$各不相同，但经过一个周期以后，它们又会在距离出发点相距一个螺距的地方重新相遇，这就是磁聚焦的基本原理。由(4-8-11)式可得

$$\frac{e}{m}=\frac{8\pi^2U_2}{h^2B^2} \tag{4-8-12}$$

长直螺线管的磁感应强度B，可以由(4-8-13)式计算：

$$B=\frac{\mu_0NI}{\sqrt{L^2+D_0^2}} \tag{4-8-13}$$

将(4-8-13)式代入(4-8-12)式，可得电子荷质比为

$$\frac{e}{m}=\frac{8\pi^2U_2(L^2+D_0^2)}{(\mu_0NIh)^2} \tag{4-8-14}$$

式中：μ_0 为真空中的磁导率，$\mu_0=4\pi\times10^{-7}$ H/m；

N 为螺丝管内的线圈匝数，$N=535\pm1$(具体以螺丝管上标注为准)；

L 为螺线管的长度，$L=0.235$ m；

D_0 为螺线管的直径，$D_0=0.092$ m；

h 为螺距(Y 偏转板至荧光屏距离)，$h=0.135$ m、

(2) 实验步骤

依照图 4-8-5 完成以下步骤：

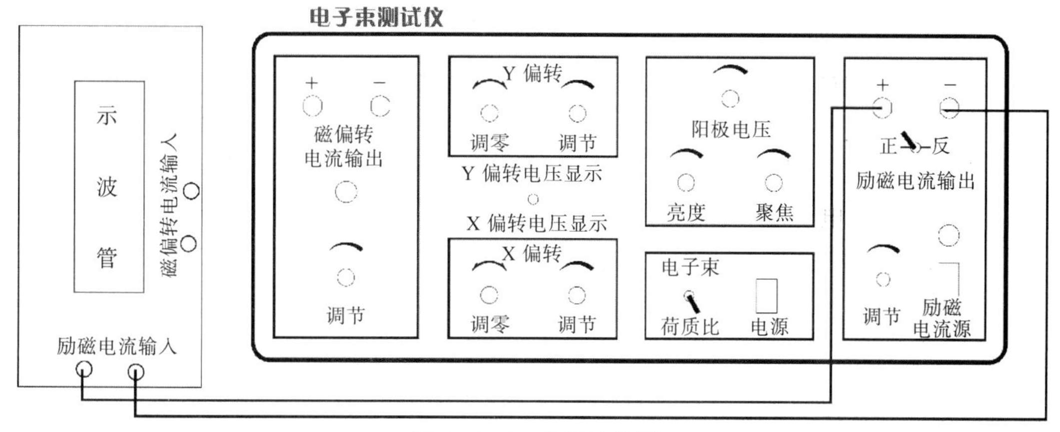

图 4-8-5　实验连线图

① 开启电子束测试仪电源开关，“电子束-荷质比”开关置于荷质比方向，此时荧光屏上出现一条直线，阳极电压调到 700 V。

② 将励磁电流部分的调节旋钮逆时针方向调节到头，并将励磁电流输出与励磁电流输入相连(螺线管)。

③ 电流换向开关打向正向，调节输出调节旋钮，逐渐加大电流使荧光屏上的直线一边旋转一边缩短，直到出现第一个小光点，读取此时对应的电流值 $I_{正}$，然后将电流调为零。再将电流换向开关打向反向(改变螺线管中磁场方向)，重新从零开始增加电流使屏上的直线反方向旋转并缩短，直到再得到一个小光点，读取此时电流值 $I_{反}$。

④ 改变阳极电压为 800 V，重复步骤③，直到阳极电压调到 1 000 V 为止。

⑤ 数据记录和处理。

将所测各数据记入表 4-8-4 中，通过(4-8-14)式，计算出电子荷质比(e/m)。

六、数据记录与处理

1. 电偏转

(1) 记录不同阳极电压下，X 轴电偏转灵敏度测量数据。

表 4-8-1　不同阳极电压下，X 轴电偏转灵敏度测量表

U_d/600 V	
D	

续　表

U_d/700 V D	

(2) 作 $D-U_d$ 图,求出曲线斜率,即为不同阳极电压下 X 轴电偏转灵敏度。

(3) 同理,记录不同阳极电压下,Y 轴电偏转灵敏度测量表。

(4) 作 $D-U_d$ 图,求出曲线斜率,即为不同阳极电压下 Y 轴电偏转灵敏度。

2. 磁偏转

(1) 记录不同 U_2 时磁偏转数据。

表 4-8-2　不同 U_2 时磁偏转数据表

$U_2=600$ V	
D/mm	
I/mA	
$U_2=700$ V	
D/mm	
I/mA	

(2) 作 $D-I$ 图,求出曲线斜率,即为不同阳极电压下磁偏转灵敏度。

3. 电聚焦

记录不同 U_2 下的 U_1 值,填入表 4-8-3 中。

表 4-8-3　不同 U_2 下测量数据

U_2/V	600	700	800	900	1 000
U_1/V					
U_2/U_1					

4. 电子荷质比(e/m)测量

表 4-8-4　不同阳极电压下测量数据

励磁电流	阳极电压/V			
	700	800	900	1 000
$I_{正}$/A				
$I_{反}$/A				
$I_{平均}$/A				
e/m/C·kg^{-1}				

五、注意事项

1. 在实验过程中,光点不能太亮,以免烧坏荧光屏。

2. 实验通电前,用专用 10 芯电缆连接测试仪和示波管。

3. 在改变螺线管励磁电流方向或磁偏转电流方向时，应先将电流调到最小后再换向。

4. 改变阳极电压 U_2 后，光点亮度会改变，这时应重新调节亮度。若调节亮度后加速电压有变化，再调到现定的电压值。

5. 励磁电流输出中有 10 A 保险丝，磁偏转电流输出和输入有 0.75 A 保险丝用于保护。

6. 切勿在通电的情况下拆卸面板，并对电路进行查看或维修，以免发生意外。

4.9 太阳能电池基本特性的研究

太阳能电池又称光生伏特电池，简称光电池。它是一种将太阳或其他光源的光能直接转换成电能的器件。由于它具有重量轻、使用安全、无污染等特点，目前在世界性能源短缺和环境保护形势日益严峻的情况下，人们对太阳能电池寄予厚望。太阳能的利用和太阳能电池特性研究是21世纪新型能源开发的重点课题。目前，硅太阳能电池应用领域除了人造卫星和宇宙飞船外，在民用领域也应用很多，如太阳能汽车、太阳能游艇、太阳能收音机、太阳能计算机、太阳能乡村电站等。太阳能是一种清洁、"绿色"能源，世界各国十分重视对太阳能电池的研究和利用。本实验的目的主要是探讨太阳能电池的基本特性，太阳能电池能够吸收光的能量，并将所吸收的光子能量转换为电能。

一、实验目的

1. 了解太阳能电池的基本结构及基本原理。

2. 测量太阳能电池无光照时的伏安特性。

3. 研究太阳能电池的基本特性：太阳能电池的开路电压和短路电流以及它们与入射光强度的关系；太阳能电池的输出伏安特性等。

二、实验仪器

太阳能电池基本特性测量仪主机，实验装置（光源和太阳能电池），负载电阻箱。

三、实验原理

1. 太阳能电池的基本结构和工作原理

太阳能电池用半导体材料制成，多为面结合PN结型，太阳能电池的工作原理基于光生伏特效应，它是一个大面积的光电二极管。当光照射在P区表面时，P区内每吸收一个光子便产生一个电子-空穴对，P区表面吸收的光子越多，激发的电子空穴就越多，越向电池内部就越少。这种浓度差便形成从表面向体内扩散的自然趋势。当电子-空穴对扩散到PN结附近时，电子被推向N区，空穴被留在了P区，从而形成了光生电动势。当在PN结两端加负载时，就有一光生电流流过负载，常见的有太阳能电池和硒光电池。

在纯度很高、厚度很薄（0.4 mm）的N型半导体材料薄片的表面，采用高温扩散法把硼扩散到硅片表面极薄的一层内形成P层，位于较深处的N层保持不变，在硼所扩散到的最深处形成PN结。从P层和N层分别引出正电极和负电极，上表面涂有一层防反射膜，其形状有圆形、方形、长方形，也有半圆形。

太阳能电池的基本结构如图4-9-1所示。

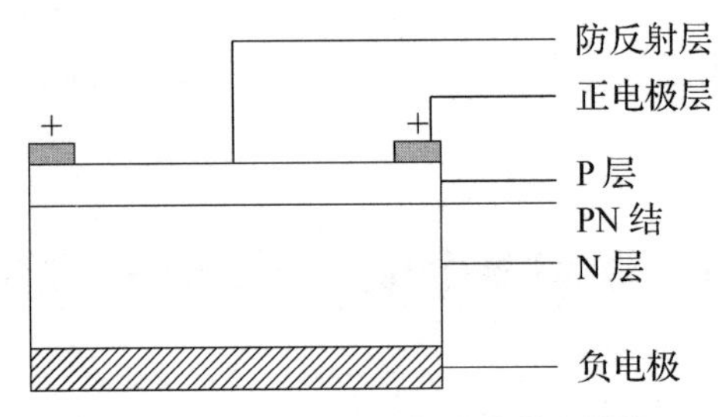

图4-9-1　太阳能电池的基本结构

2. 太阳能电池的基本原理

太阳能电池在没有光照时，其特性可视为一个二极管，在没有光照时其正向偏压U与通过电流I的关系式为

$$I = I_0 (e^{\beta U} - 1) \tag{4-9-1}$$

式中：I_0和β是常数。

由半导体理论可知，二极管主要是由能隙为$E_C - E_V$的半导体构成。当入射光子能量大于能隙时，光子会被半导体吸收，产生电子和空穴对。电子和空穴对会分别受到二极管之内电场的影响而产生光电流。假设太阳能电池的理论模型是由一理想电流源（光照产生光电流的电流源）、一个理想二极管、一个并联电阻R_{sh}与一个电阻R_s所组成，如图4-9-2所示。

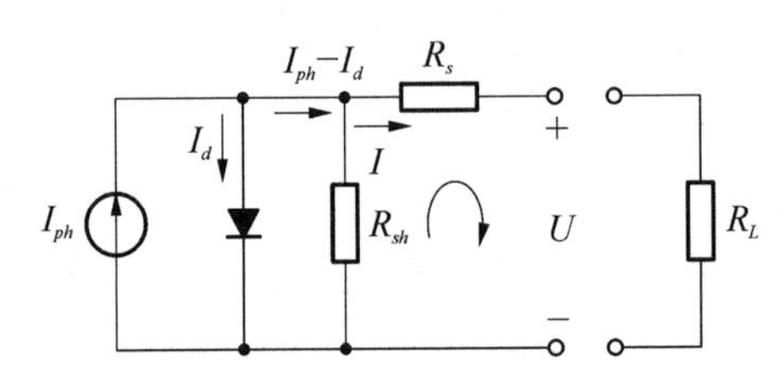

图4-9-2　太阳能电池的理论模型

图4-9-2中，I_{ph}为太阳能电池在光照时，该等效电源输出电流；I_d为光照时，通过太阳能电池内部二极管的电流。由基尔霍夫定律得

$$IR_s + U - (I_{ph} - I_d - I)R_{sh} = 0 \tag{4-9-2}$$

式中：I为太阳能电池的输出电流；U为输出电压。因此，可得

$$I\left(1 + \frac{R_s}{R_{sh}}\right) = I_{ph} - \frac{U}{R_{sh}} - I_d \tag{4-9-3}$$

假定$R_{sh} = \infty$和$R_s = 0$，太阳能电池可简化为图4-9-3所示电路。

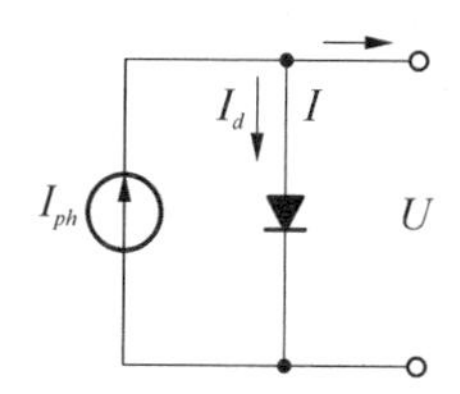

图 4-9-3 太阳能电池的简化模型

这里，$I=I_{ph}-I_d=I_{ph}-I_0(e^{\beta U}-1)$。

在短路时，$U=0, I_{ph}=I_{sc}$。

所以在开路时，$I=0, I_{sc}-I_0(e^{\beta U_{oc}}-1)=0$。

$$U_{OC}=\frac{1}{\beta}\ln\left(\frac{I_{sc}}{I_0}+1\right) \tag{4-9-4}$$

(4-9-4)式即为在 $R_{sh}=\infty$ 和 $R_s=0$ 的情况下，太阳能电池的开路电压 U_{oc} 和短路电流 I_{sc} 的关系式。其中，U_{oc} 为开路电压，I_{sc} 为短路电流，I_0、β 是常数。

单体太阳能电池在阳光照射下，其电动势为 0.5～0.6 V，最佳负荷状态时工作电压为 0.4～0.5 V，根据需要可将多个太阳能电池串并联使用。

3. 太阳能电池的基本特性

(1) 太阳能电池的开路电压与入射光强度的关系

太阳能电池的开路电压是太阳能电池在外电路断开时两端的电压，用 U_{oc} 表示，亦即太阳能电池的电动势。在无光照射时，开路电压为零。

太阳能电池的开路电压不仅与太阳能电池材料有关，而且与入射光强度有关。在相同的光强照射下，不同材料制作的太阳能电池的开路电压不同。理论上，开路电压的最大值等于材料禁带宽度的 1/2。例如，禁带宽度为 1.1 eV 的硅做太阳能电池，开路电压为 0.5～0.6 V。对于给定的太阳能电池，其开路电压随入射光强度变化而变化。其规律是太阳能电池开路电压与入射光强度的对数成正比，即开路电压随入射光强度增大而增大，但入射光强度越大，开路电压增大得越缓慢。

(2) 太阳能电池的短路电流与入射光的关系

太阳能电池的短路电流就是它无负载时回路中电流，用 I_{sc} 表示。对给定的太阳能电池，其短路电流与入射光强度成正比。对此，我们是容易理解的，因为入射光强度越大，光子越多，从而由光子激发的电子-空穴对越多，短路电流也就越大。

(3) 在一定入射光强度下太阳能电池的输出特性

当太阳能电池两端连接负载而使电路闭合时，如果入射光强度一定，则电路中的电流 I 和路端电压 U 均随负载电阻的改变而改变。同时，太阳能电池的内阻也随之变化。太阳能电池的输出伏安特性曲线如图 4-9-4 所示。

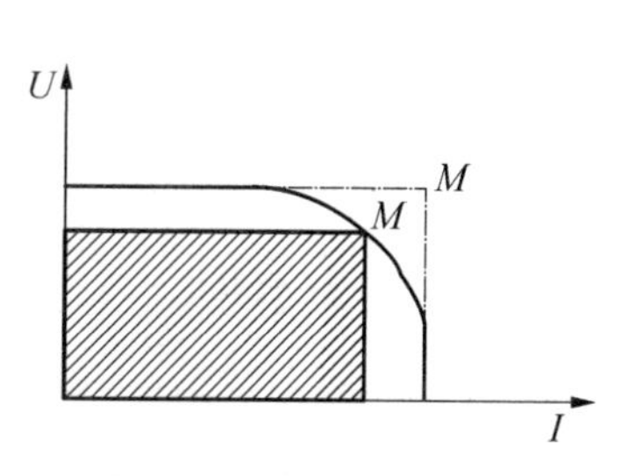

图 4-9-4 U-I 关系图

图 4-9-4 中，I_{sc} 为 $U=0$，即短路时的电流，就是在该入射光强度下的太阳能电池的短路电流 I_{sc}、

U_{oc}为$I=0$,即开路时的路端电压,也就是太阳能电池在该入射光强度下的开路电压。曲线上任一点对应的I和U的乘积(在图中则是一个矩形的面积),就是太阳能电池在相应负载电阻时的输出功率P。曲线上有一点M,它的对应I_{mp}和U_{mp}的乘积(即图中画斜线的矩形面积)最大。可见,太阳能电池仅在它的负载电阻输出值为U_{mp}和I_{mp}时,才有最大输出功率。这个负载电阻称为最佳负载电阻,用R_{mp}表示。因此,我们通过研究太阳能电池在一定入射光强度下的输出特性,可以找出它在该入射光强度下的最佳负载电阻。它在该负载电阻时工作状态为最佳状态,它的输出功率最大。

(4) 太阳能电池在一定入射光强度下的曲线因子(或填充因子)$F\cdot F$

曲线因子定义式为

$$F\cdot F=(U_{mp}I_{mp})/(U_{oc}I_{sc}) \tag{4-5-5}$$

我们知道,在一定入射光强度下,太阳能电池的开路电压U_{oc}和短路电流I_{sc}是一定的,而U_{mp}和I_{mp}分别为太阳能电池在该入射光强度下输出功率最大时的电压和电流。可见,曲线因子的物理意义是表示太阳能电池在该入射光强度下的最大输出效率。

从太阳能电池的输出伏安特性曲线来看,曲线因子$F\cdot F$的大小等于斜线矩形的面积(与M点对应)与矩形$I_{sc}U_{oc}$的面积(与M'点对应)之比。如果输出伏安特性曲线越接近矩形,则M与M'就越接近重合,曲线因子$F\cdot F$就越接近1,太阳能电池的最大输出效率就越大。

四、实验步骤

1. 在不加偏压时,用白色光源(LED)照射太阳能电池基本常数的测定

(1) 测定在一定入射光强度(1 000 Lux)下太阳能电池的开路电压U_{oc}和短路电流I_{sc}。

调节光源与太阳能电池处于适当位置不变,测出太阳能电池的开路电压U_{oc}(电流表不接入),测出太阳能电池的短路电流I_{sc}。

(2) 测定太阳能电池的开路电压和短路电流与入射光强度的关系。调节入射光强度为1 000、900、800、…、200、100 Lux时,测出开路电压U_{oc1}和短路电流I_{sc1}。并用坐标纸画出I_{sc}-光强及U_{oc}-光强曲线。

2. 在一定入射光强度下(1 000 Lux),研究太阳能电池的输出特性

分别测出不同负载电阻下的电流I和电压U。根据U_{oc}、I_{sc}及一系列相应的R、U、I值。填入自拟表格中。计算在该入射光强度下,与各个R相对应的输出功率$P=UI$,求出最大输出功率P_{max},以及相应的太阳能电池的最佳负载电阻R_{mp}、U_{mp}、I_{mp}。作$P-R$及输出伏安特性$I-U$曲线。计算曲线因子$F\cdot F=(U_{mp}I_{mp})/(U_{oc}I_{sc})$。

五、注意事项

1. 电表的正负极不能接反。
2. 改变光强的时候,光源与电池板之间的距离应保持不变。

六、数据记录与处理

1. 不同光照强度下太阳能电池的开路电压和短路电流的测量。

表 4-9-1

光强/Lux	1 000	900	800	700	600	500	400	300	200	100
U_{oc}/V										
I_{sc}/mA										

2. 在一定入射光强度下(1 000 Lux),研究太阳能电池的输出特性的测量。

表 4-9-2

R/Ω	
U/V	
I/A	
P/W	

七、思考与讨论

1. 太阳能电池的开路电压和短路电流与入射光强度符合什么函数关系?
2. 硅光电池的有源内阻与常用电源的内阻有何差异?

第 5 章　光学实验

5.1　薄透镜焦距的测定实验

透镜可广泛应用于安防、车载、数码相机、激光、光学仪器等各个领域，随着市场不断地发展，透镜技术也越来越应用广泛。透镜是根据光的折射规律制成的，透镜是由透明物质（如玻璃、水晶等）制成的一种光学元件。透镜是折射镜，其折射面是两个球面（球面一部分），或一个球面（球面一部分）一个平面的透明体，它所成的像有实像也有虚像。

一、实验目的

1. 学会测量透镜焦距的几种方法。
2. 掌握简单光路的分析和光学元件等高等共轴调节的方法。
3. 进一步熟悉数据记录和处理方法。
4. 熟悉光学实验的操作规则。

二、实验仪器

光源，狭缝，玻璃屏（像屏），凸透镜，凹透镜，平面镜。

三、实验原理

1. 符号规定

为了找到几何光学的一个普遍公式，必须有一个统一的符号规定。我们的符号规定是以光线行进方向作为依据：顺光线方向为正，逆光线方向为负。如按常例取入射光的方向是从左到右，从下至上，则线段由左向右为正，由下向上为正，反之为负。至于线段的起点，在高斯公式中都是从光心算起。在图 5-1-1 中是一凸透镜成像的例子，从光心算起，则 S、f 都是负的，f'、S'则是正的。为使图中线段的值是正的，则在 f 和 S 前加上负号。物 AB 是正的，而像 $A'B'$则是负的。

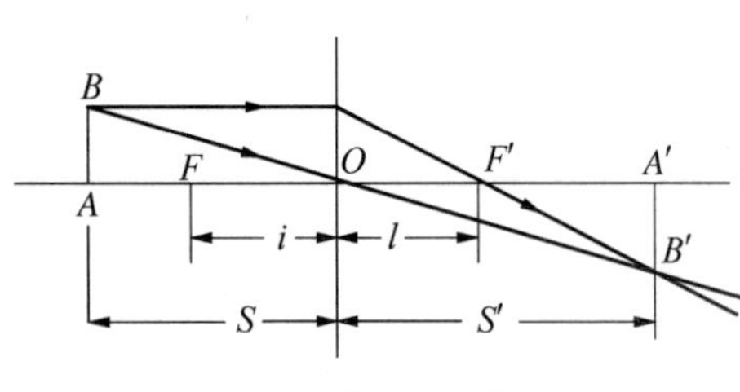

图 5-1-1　凸透镜成像原理图

2. 公式推导

在傍轴条件下，可得高斯公式：

$$\frac{f}{S}+\frac{f'}{S'}=1 \tag{5-1-1}$$

在空气中 $f'=-f$，可得

$$\frac{1}{S'}-\frac{1}{S}=\frac{1}{f'} \tag{5-1-2}$$

故

$$f'=\frac{SS'}{S-S'} \tag{5-1-3}$$

3. 测量会聚透镜焦距原理

如图 5-1-2 所示，当物和屏的距离 $A>4f$ 时，我们总能在物和屏之间找到两个位置，透镜在这两个位置上均能成清晰的像。根据(5-1-2)式，第Ⅰ位置时(放大时)

$$f'=\frac{(A-l-S_2')(l+S_2')}{A} \tag{5-1-4}$$

在第Ⅱ位置时(缩小时)

$$f'=\frac{(A-S_2')\cdot S_2'}{A} \tag{5-1-5}$$

解上述两式得

$$f'=\frac{A^2-l^2}{4A} \tag{5-1-6}$$

根据(5-1-6)式可知，在设定了 A 以后，只要测出透镜间的距离 l 就可测出 f'。

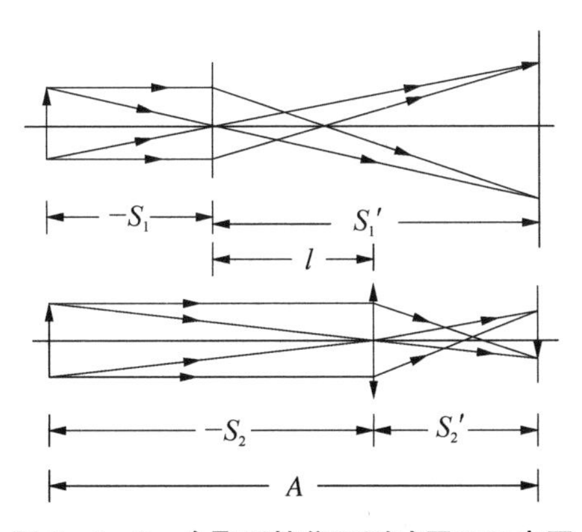

图 5-1-2　会聚透镜焦距测试原理示意图

4. 测量发散透镜焦距原理

物 A 经会聚透镜 L_1 成像与 A' 处，在 L_1 和 A' 处之间加入待测发散透镜 L_2（L_2 和 A 的距离要小于 L_2 本身的焦距），A 实际成像在 A'' 处。对 L_2 来说，A 是物，A'' 是像所在位置，如图 5－1－3 所示。令 $O_2A'=S$，$O_2A''=S'$，代入(5－1－3)式即可求得发散透镜的焦距 f'。

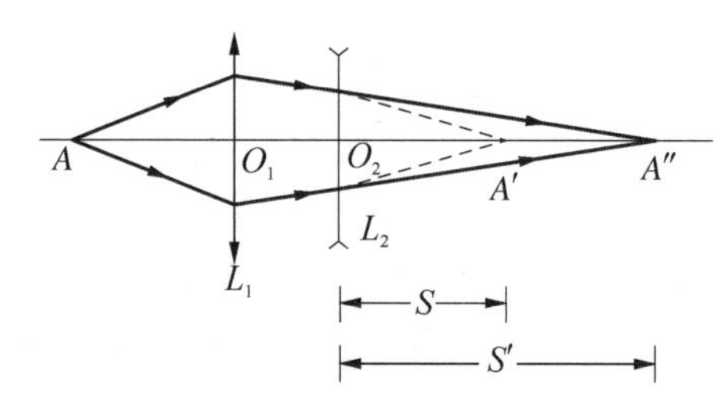

图 5－1－3　发散透镜焦距测试原理

四、实验步骤

1. 凸透镜焦距的测定

首先，按图 5－1－4 顺序摆好原件(物屏与像屏间距大于 400 mm)。记录物屏、像屏位置于表 5－1－1。

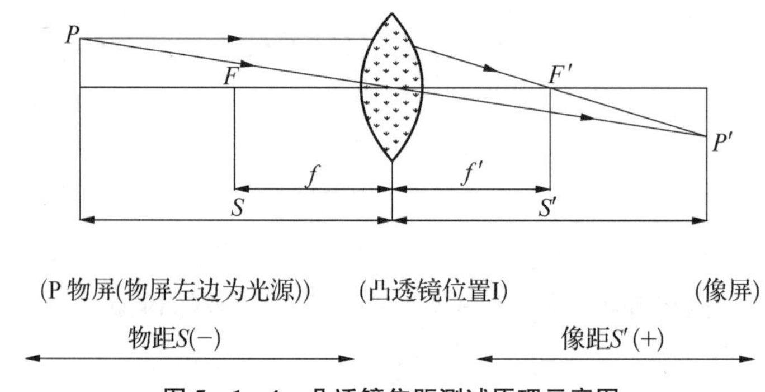

图 5－1－4　凸透镜焦距测试原理示意图

将凸透镜靠近物屏位置，然后缓慢移动凸透镜至像屏位置，移动过程中观察像屏上是否出现清晰的像。找出像屏上出现清晰放大的像时凸透镜位置，并记录入表 5－1－1。找出像屏上出现清晰缩小的像时，凸透镜位置，并记录入表 5－1－1(注意：由于视觉差异，人眼无法判断像何时为最清晰，所以我们取像出现的位置与像消失的位置，两者相加除以 2，近似为像最清晰的位置)。

2. 凹透镜焦距的测定

如图 5－1－5 所示，保持物屏位置、凸透镜成小像位置不变，将凹透镜放入凸透镜与像屏之间。移动凹透镜以及像屏位置(配合移动、可同时移动)，直至像屏上出现清晰的像。记录凹透镜与像屏位置于表 5－1－2。

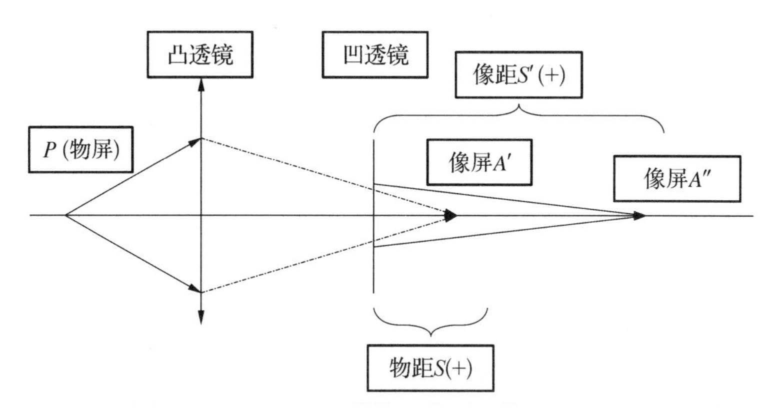

图 5-1-5　凹透镜焦距测试原理

五、注意事项

1. 尽量调节各光具中心等高共轴，以使像尽可能清晰可见。
2. 取放光具时要轻拿轻放，放回光具座后面，避免碰倒或掉到桌下。
3. 凹透镜焦距为负值，虚物成实像时，物距为负值，计算时应该注意。

六、数据记录与处理

1. 数据记录

表 5-1-1　凸透镜的测量

S=物屏－平均值　　S'=像屏－平均值　　单位/mm

成像	物屏位置	凸透镜位置			像屏位置	物距 $S(-)$	像距 $S'(+)$	焦距 $f''(+)$
		左	右	平均				
1. 放大								
1. 缩小								
2. 放大								
2. 缩小								

表 5-1-2　凹透镜的测量

S=凹－A'(取绝对值)　S'=A''－凹(取绝对值)　　单位/mm

物屏位置	凸透镜位置	像屏(A')	凹透镜位置	物距 $S(+)$	像距 $S(+)$	焦距 $f'(-)$

2. 数据处理

对表 5-1-1 和表 5-1-2 数据求平均值，并做误差分析。

七、思考与讨论

1. 表 5-1-1 中凸透镜位置与表 5-1-2 中凸透镜位置有什么关系？若表 5-1-2 中凸透镜位置改变会不会影响实验结果，为什么？

2. 为什么凹透镜焦距为负值？

3. 如何降低实验误差？

5.2 分光计测三棱镜的折射率

JJY 型分光计是一种分光测角光学实验仪器在光学实验中有着广泛运用，在利用光的反射、折射、衍射、干涉和偏振原理的各项实验中作用度测量。本实验在利用分光计测量三棱镜的折射率的同时也向大家介绍了分光计的使用。

一、实验目的

1. 了解分光计结构，掌握分光计的调节方法。

2. 学会最小偏向角法测定三棱镜玻璃的折射率。

二、实验仪器

分光计，汞灯，三棱镜，双面平面镜。

三、实验原理

用最小偏向角法测定三棱镜的折射率。

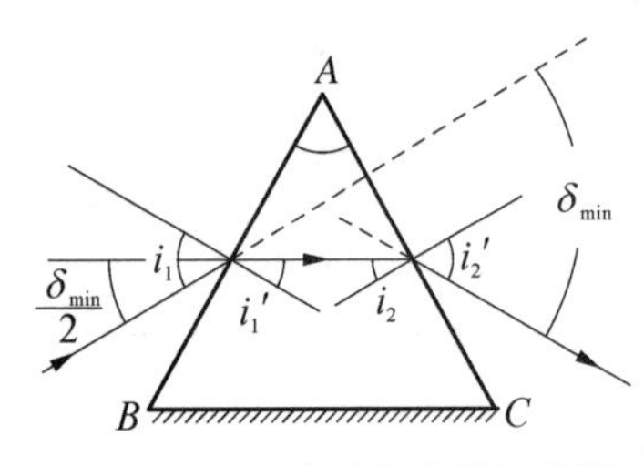

图 5-2-1　实验光路的示意图

如图 5-2-1，一束单色光以 i_1 角入射到 AB 面上，经棱镜两次折射后，从 AC 面折射出来，出射角为 i_2'。入射光和出射光的夹角 δ 称为偏向角。当棱镜顶角 A 一定时，偏向角 δ 的大小随入射角 i_1 的变化而变化。而当 $i_1=i_2'$时，δ 为最小(证明可参阅光学教材中的相关内容)。此时的偏向角称为最小偏向角，记为 δ_{min}。

由图 5-2-1 可以看到，此时

$$i_1'=A/2 \tag{5-2-1}$$

因为

$$\delta_{min}=2(i_1-i_1') \tag{5-2-2}$$

所以

$$i_1=(\delta_{min}+A)/2 \tag{5-2-3}$$

设棱镜折射率为 n，由折射定律得

$$\sin i_1 = n\sin i_1' \tag{5-2-4}$$

将之前的关系代入，可得

$$n = \sin[(\delta_{\min} + A)/2]/\sin(A/2) \tag{5-2-5}$$

四、实验步骤

1. 利用半调法调节分光计

分光计的外形如图 5-2-2 所示。

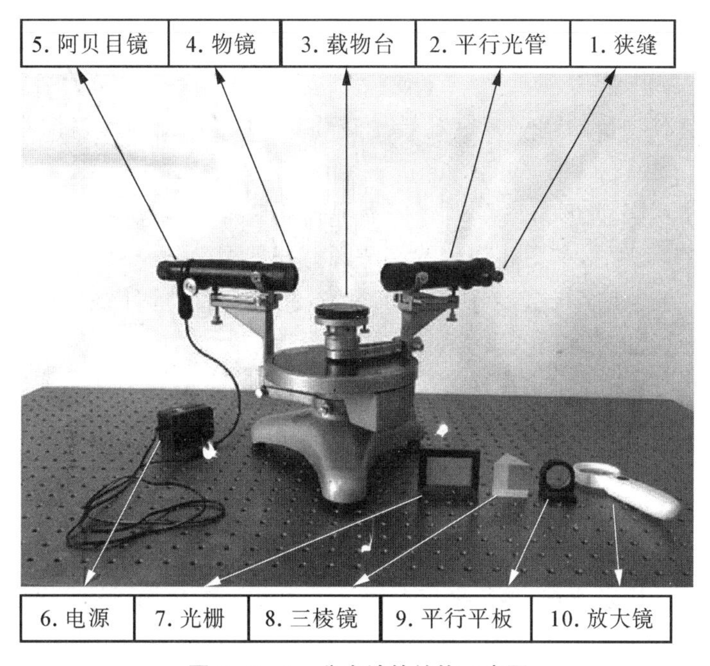

图 5-2-2 分光计的结构示意图

分光计底座的中央固定一中心轴，度盘和游标盘套在中心轴上，可以绕中心轴旋转，度盘下端有一推力轴承支撑，使旋转轻便灵活。度盘上刻有 720 等分的刻线，每一格的格值为 30 分，对径方向设有两个游标读数装置，测量时读出两个读数值，然后取平均值，这样可以消除偏心引起的误差。

立柱固定在底座上，平行光管安装在立杆上，平行光管的光轴位置可以通过立柱上的调节螺钉来进行微调，平行光管带有一个狭缝装置，可沿光轴移动和转动，狭缝的宽度在 0.02～2 mm 内可以调节。

阿贝式自准直望远镜安装在支臂上，支臂与转座固定在一起，并套在度盘上。当松开止动螺钉时，转座与度盘一起旋转；当旋紧止动螺钉时，转座与度盘可以相对转动。旋紧制动架(一)与底座上的止动螺钉时，借助制动架末端上的调节螺钉可以对望远镜进行微调(旋转)，同平行光管一样，望远镜系统的光轴位置，也可以通过调节螺钉进行微调。望远镜系统的目镜可以沿光轴移动和转动，目镜的视度可以调节。

分划板视场的参数如图 5-2-3 所示。

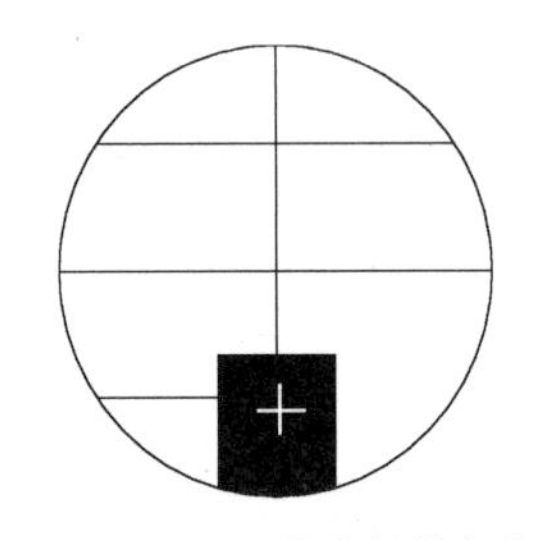

图 5-2-3 分光板的视场

(1) 目镜的调焦。目镜调焦的目的是使眼睛通过目镜能很清楚地看到目镜中分划板上的刻线。调焦方法:先把目镜调焦手轮旋出,然后一边旋进,一边从目镜中观察,直到分划板刻线成像清晰,再慢慢地旋出手轮,至目镜中的像的清晰度将被破坏而未破坏时为止。

(2) 望远镜的调焦。望远镜调焦的目的是将目镜分划板上的十字线调整到物镜的焦平面上,也就是望远镜对无穷远调焦。其方法如下:

① 接上灯源把望远镜光轴位置的调节螺钉调到适中的位置。

② 在载物台的中央放上附件光学平行平板。其反射面对着望远镜物镜,且与望远镜光轴大致垂直。

③ 通过调节载物台的调平螺钉和转动载物台,使望远镜的反射像和望远镜在一直线上。

④ 从目镜中观察,此时可以看到一亮十字线,前后移动目镜,对望远镜进行调焦,使亮十字线成清晰象,然后,利用载物台的调平螺钉和载物台微调机构,把这个亮十字线调节到与分划板上方的十字线重合,往复移动目镜,使亮十字和十字线无视差地重合。

(3) 调整望远镜的光轴垂直旋转主轴。步骤如下:

① 调整望远镜光轴上下位置调节螺钉,使反射回来的亮十字精确地成像在十字线上。

② 把游标盘连同载物台平行平板旋转 180°时观察到亮十字可能与十字丝有一个垂直方向的位移,就是说,亮十字可能偏高或偏低。

③ 调节载物台调平螺钉,使位移减少一半。

④ 调整望远镜光轴上下位置调节螺钉,使垂直方向的位移完全消除。

⑤ 把游标盘连同载物台、平行平板再转过 180°检查其重合程序。重复 c 和 d 使偏差得到完全校正。

(4) 将分划板十字线调成水平和垂直。当载物台连同光学平行平板相对于望远镜旋转时,观察亮十字是否水平地移动,如果分划板的水平刻线与亮十字的移动方向不平行,就要转动目镜,使亮十字的移动方向与分划板的水平刻线平行,注意不要破坏望远镜的调焦,然后将目镜锁紧螺钉旋紧。

(5) 平行光管的调焦。目的是把狭缝调整到物镜的焦平面上,也就是平行光管对无穷远调焦。方法如下:

① 去掉目镜照明器上的光源、打开狭缝,用漫射光照明狭缝。

② 在平行光管物镜前放一张白纸,检查在纸上形成的光斑,调节光源的位置,使得在整个物镜孔径上照明均匀。

③ 除去白纸,把平行光管光轴左右位置调节螺钉调到适中的位置,将望远镜管正对平行光管,从望远镜目镜中观察,调节望远镜微调机构和平行光管上下位置调节螺钉,使狭缝位于视场中心。

④ 前后移动狭缝机构,使狭缝清晰地成像在望远镜分划板平面上。

(6) 调整平行光管的光轴垂直于旋转主轴。调整平行光管光轴上下位置调节螺钉,升高或降低狭缝像的位置，使得狭缝对目镜视场的中心对称。

(7) 将平行狭缝调成垂直。旋转狭缝机构，使狭缝与目镜分划板的垂直刻线平行，注意不要破坏平行光管的调焦，然后将狭缝装置锁紧螺钉旋紧。

2. 测量顶角

(1) 取下平行平板，放上被测棱镜，适当调整工作台高度，用自准直法观察，使 AB 面和 AC 面都垂直于望远镜光轴。

(2) 调好游标盘的位置，使游标在测量过程中不被平行光管或望远镜挡住，锁紧制动架(二)和游标盘，载物台和游标盘的止动螺钉。

(3) 使望远镜对准 AB 面，锁紧转座与度盘、制动架(一)和底座的止动螺钉。

(4) 旋转制动架(一)末端上的调节螺钉，对望远镜进行微调(旋转)，使亮十字与十字线完全重合。

(5) 记下对径方向上游标所指标的度盘的两个读数，取其平均值 φ。

(6) 放松制动架(一)与底座上的止动螺钉，旋转望远镜，使对准 AC 面，锁紧制动架(一)与底座上的止动螺钉。

(7) 重复(4)、(5)得到的平均值 φ'。

(8) 计算顶角：$A=180^\circ-(\varphi'-\varphi)$。最好重复测量三次，求得平均值。

3. 测最小偏向角

(1) 用所要求谱线的单色光(如钠灯)照明平行光管的狭缝，从平行光管发出的平行光束经过棱镜的折射而偏折一个角度。

(2) 放松制动架(一)和底座的止动螺钉，转动望远镜，找到平行光管的狭缝象，放松制动架(二)和游标盘的止动螺钉，慢慢转动载物台，开头从望远镜看到的狭缝像沿某一方向移动，当转到这样一个位置，即看到的狭缝象，刚刚开始要反身移动，此时的棱镜位置，就是平行光束以最小偏向角射出的位置。

(3) 锁紧制动架(二)与游标盘的止动螺钉。

(4) 利用微调机构，精确调整，使分划板的十字线精确地对准狭缝(在狭缝中央)。

(5) 记下对径方向上游标所指示的度盘的读数，取其平均值 θ。

(6) 取下棱镜，放松制动架(一)与底座的止动螺钉。转动望远镜，使望远镜直接对准平行光管，然后旋紧制动架(一)与底座上的止动螺钉，对望远镜进行微调，使分划板十字线精确地对准狭缝。

(7) 记下对径方向上游标所指示的度盘的两个读数，取平均值 θ'。

(8) 计算最小偏向角 $\delta_{\min}=|\theta-\theta'|$。最好重复测量三次，求得平均值。

五、注意事项

1. 不能用手直接触碰三棱镜镜面，以保持镜面清洁。
2. 实验完成后必须将平面镜、三棱镜等实验材料放入保护盒，防止摔坏。
3. 不得随意将分光计上螺钉拧下，以防丢失。
4. 狭缝机构制造精细、调整精密，没有必要时，不宜拆卸调节，以免由于调节不当而影响精度。

六、数据记录与处理

1. 测量顶角 A，见表 5-2-1。

表 5-2-1

测量次数	φ	φ'	$A=180°-(\varphi'-\varphi)$	$\overline{A}$
1				
2				
3				

2. 测量最小偏向角 $\delta_{\min}$，见表 5-2-2。

表 5-2-2

测量次数	θ	θ'	$\delta_{\min}=\lvert\theta-\theta'\rvert$	$\overline{\delta_{\min}}$
1				
2				
3				

3. 计算折射率 n：$n=\sin((\overline{\delta_{\min}}+\overline{A})/2)/\sin(\overline{A}/2)$。

七、思考与讨论

1. 什么是复合光的色散现象?
2. 分光计的工作原理是什么?
3. 什么是最小偏向角?

5.3 单缝夫琅禾费衍射光强分布测量实验

光的衍射现象是光波动性的重要体现。根据光源、衍射屏与产生衍射的障碍物之间距离的不同，可以分为菲涅尔衍射和夫琅禾费衍射。对于夫琅禾费衍射，要求光源和衍射屏与障碍物之间的距离为无穷远，即远场衍射。

一、实验目的

1. 观察单缝衍射现象，加深对衍射理论的理解。
2. 学会试用光电元件测量单缝衍射的相对光强分布，掌握其分布规律。

二、实验仪器

光学导轨，激光器，可调狭缝，一维光强分布测量仪，白屏，功率计，供电电源。

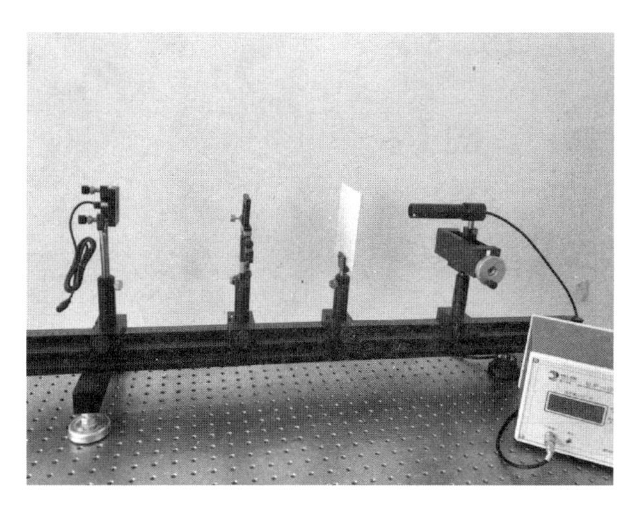

图5-3-1 实验仪器设备

三、实验原理

要实现夫琅禾费衍射，必须保证光源至单缝的距离和单缝到衍射屏的距离均为无限远，即要求照射到单缝上的入射光、衍射光都为平行光，屏应放到相当远处，在实验中只用两个透镜即可达到此要求。实验光路如图5-3-2所示。

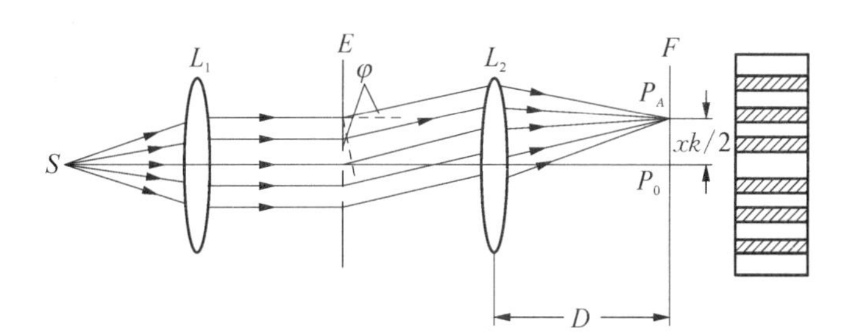

图5-3-2 夫琅禾费单缝衍射光路图

与狭缝 E 垂直的衍射光束会聚于屏上 P_0 处，是中央明纹的中心，光强最大，设为 I_0，与光轴方向成 φ 角的衍射光束会聚于屏上 P_A 处，P_A 的光强由计算可得

$$I_A = I_0 \frac{\sin^2\beta}{\beta^2}, \left(\beta = \frac{\pi b \sin\varphi}{\lambda}\right) \tag{5-3-1}$$

式中：b 为狭缝的宽度；λ 为单色光的波长。

当 $\beta=0$ 时，光强最大，称为主极大，主极大的强度取决于光强的强度和缝的宽度；当 $\beta=k\pi$，$(k=\pm1, \pm2, \pm3, \cdots)$，出现暗条纹。

除了主极大之外，两相邻暗纹之间都有一个次极大，由下式计算得到

$$\sin\varphi = k\frac{\lambda}{b} \tag{5-3-2}$$

可得出现这些次极大的位置在 $\beta=\pm1.43\pi, \pm2.46\pi, \pm3.47\pi, \cdots$ 这些次极大的相对

光强 I/I_0 依次为 0.047,0.017,0.008,…

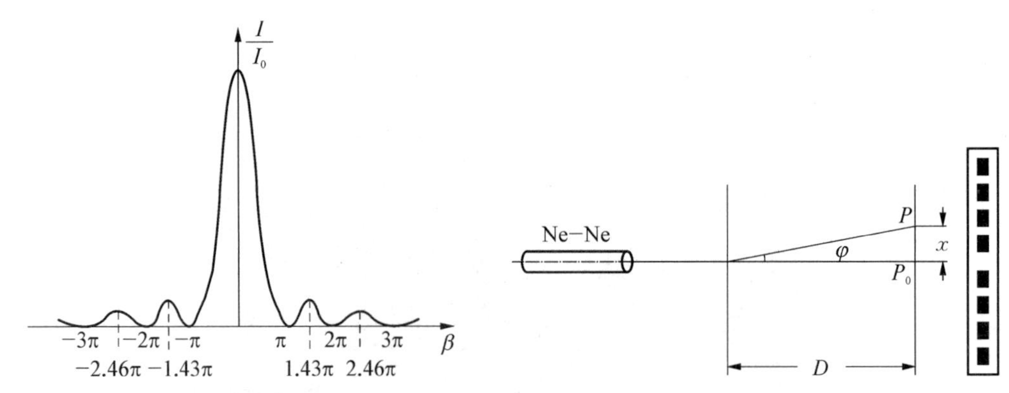

图 5-3-3　弗朗禾费衍射的光强分布　　图 5-3-4　弗朗禾费单缝衍射简化装置

实验中用激光器作光源,由于激光束的方向性好,能量集中,且缝的宽度 b 一般很小,这样就可以不用透镜 L_1。若观察屏(接收器)距离狭缝也较远(即 D 远大于b),则透镜 L_2 也可以不用,这样夫琅禾费单缝衍射装置就简化为图 5-3-4 所示,这时

$$\sin\varphi \approx \tan\varphi = \frac{x}{D} \tag{5-3-3}$$

由(5-3-2)式和(5-3-3)式可得

$$b = \frac{k\lambda D}{x} \tag{5-3-4}$$

四、实验步骤

1. 搭好实验装置,并接好电源。

2. 打开激光器,用小孔屏调整光路,使出射的激光束与导轨平行。

3. 打开功率计电源,预热,并将测量线连接其输入孔与光电探头。

4. 调节二维调节架,选择所需要的单缝、双缝等,对准激光束中心,使之在小孔屏上形成良好的衍射光斑。

5. 移去小孔屏,调整一维光强测量装置,使光电探头中心与激光束高低一致,移动方向与激光束垂直,起始位置适当。

6. 开始测量,转动手轮,使光电探头沿衍射图样展开方向(x 轴)单向平移,以等间隔的位移(如 0.5 mm 或 1 mm 等)对衍射图样的光强进行逐点测量,记录位置坐标 x 和对应的检流计(置适当量程)所指示的读数,要特别注意衍射光强的极大值和极小值所对应的坐标的测量。

7. 绘制衍射光的相对强度 i/i_0 与位置坐标 x 的关系曲线。由于光的强度与功率计所指示的读数成正比,因此可用检流计的相对强度 i/i_0 代替衍射光的相对强度 I/I_0。

8. 由于激光衍射所产生的散斑效应,功率计显示将在时示值的约 10%范围内上下波动,属正常现象,实验中可根据判断选一中间值。

五、注意事项

1. 使用电源(220±11)V,频率 50 Hz,要求交流稳压输出。

2. 仪器的使用和储存环境要求室温控制在−5～+30 ℃的范围内,相对湿度不大于70%,不宜将仪器直接放置地面或靠近暖气及阳光直接照射的地方,存放期间应用仪器包装箱密存。

3. 不要在强光、潮湿、震动较大的场合使用,以免影响测量精度。

4. 使用完毕,应将两块分划板包藏好,以免受污、受损。

5. 导轨应经常保持润滑,定期上油。

6. 光电探头使用完毕后应收妥放置于较暗处,避免光电池长时间暴露于强光下加速老化。

六、数据记录与处理

1. 请自行设计表格,记录数据。

2. 选取中央最大光强处为轴坐标原点,把测得的数据作归一化处理。即在不同位置上测得光强 I 除以中央最大的光强读数 I_0,然后在毫米方格纸上做出 $I/I_0 \sim x$ 衍射相对光强分布曲线。

七、思考与讨论

1. 狭缝光阑的宽度对实验结果有什么影响?

2. 用白光光源观察单缝夫朗禾费衍射,衍射图样将如何?

5.4 激光光电效应实验

光电效应是物理学中一个重要而神奇的现象,在高于某特定频率的电磁波照射下,某些物质内部的电子吸收能量后逸出而形成电流,即光生电。

光电现象由德国物理学家赫兹于 1887 年发现,而正确的解释由爱因斯坦所提出。科学家们在研究光电效应的过程中,物理学者对光子的量子性质有了更加深入的了解,这对波粒二象性概念的提出有重大影响。

一、实验目的

1. 测量普朗克常数 h。

2. 测量光电管的伏安特性曲线。

二、实验仪器

表 5-4-1 实验仪器名称

序号	编码	名称	数量	备注
1	ZKY-PQB0100	光电效应实验装置	1件	含激光发射盒、光电暗盒、底座
2	ZKY-511401	光电效应(普朗克常数)实验仪(测试仪)	1件	
3	ZKY-BJ0001	电源适配器	1件	DC12V(图中未显示)

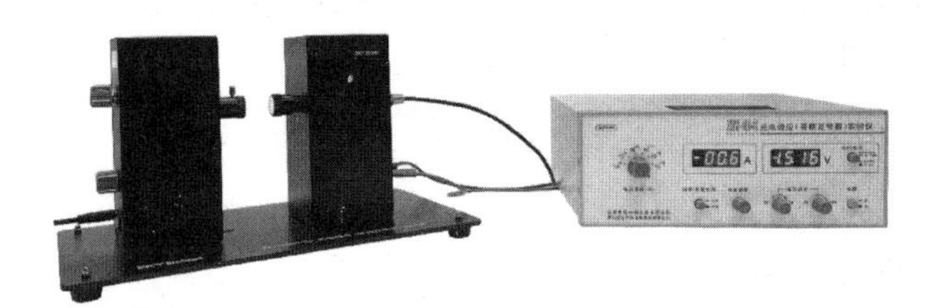

图 5-4-1 ZKY-PQB0100 激光光电效应实验仪

三、实验原理

光电效应的实验原理如图 5-4-2a 所示。入射光照射到光电管阴极 K 上,产生的光电子在电场的作用下向阳极 A 迁移构成光电流,改变外加电压 U_{AK},测量出光电流 I 的大小,即可得出光电管的伏安特性曲线。

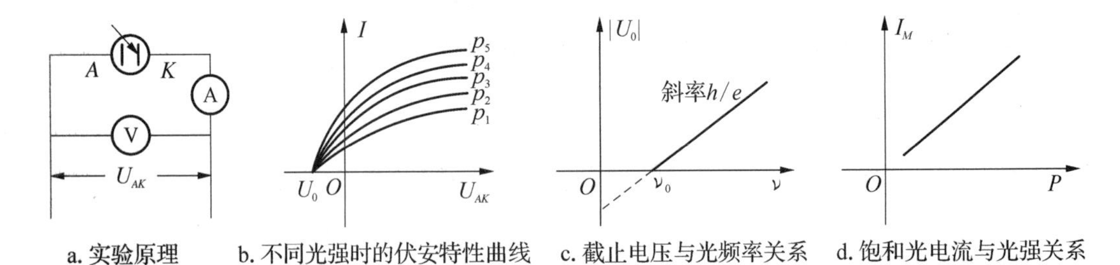

a. 实验原理　b. 不同光强时的伏安特性曲线　c. 截止电压与光频率关系　d. 饱和光电流与光强关系

图 5-4-2 光电效应实验原理及有关参数关系曲线

光电效应的基本实验原理:

1. 对于某一频率的光,光电效应的 $I-U_{AK}$ 关系如图 5-4-2b 所示。从图中可见,对一定的频率,有一电压 U_0,当 $U_{AK}<U_0$ 时,电流为零,也就是这个负电压产生的电势能完全抵消了由于吸收光子而从金属表面逸出的电子的动能。这个相对于阴极为负值的阳极电压 U_0,被称为截止电压。

2. 当 $U_{AK}\geqslant U_0$ 后,电势能不足以抵消逸出电子的动能,从而组件产生光电流 I。随着 U_{AK} 的增加,I 迅速增加,然后趋于饱和,如图 5-4-2b。饱和光电流 I_M 的大小与入射光的强度 P 成正比,如图 5-4-2d 所示。需要注意的是对不同频率的光,饱和光电流的大小取决于入射光强与光电管阴极材料在该频率的光谱灵敏度,饱和光电流大小与频率无直接的必然联系。

3. 作截止电压 U_0 与频率 ν 的关系图,如图 5-4-2c 所示。U_0 与 ν 呈线性关系。显然，当入射光频率低于某极限值 ν_0（ν_0 随不同金属而异）时，不论光的强度如何，照射时间多长，都没有光电流产生。

四、实验步骤

实验准备：

1. 测试前，请先将测试仪接通电源预热 20 分钟。将光电暗盒输入端与测试仪输出端（后面板上）连接（红—红，蓝—蓝）。

2. 仪器在充分预热后，进行测试前调零。调零时，将“调零/测量”切换开关切换到“调零”档位，旋转“电流调零”旋钮使电流指示为“0.00”。调节好后，将“调零/测量”切换开关切换到“测量”档位。

实验一：测量普朗克常数 h

说明：本实验中激光发射盒的出光孔处不安装偏振片。

1. 将测试仪的电压选择按键切换至 −2～0 V 档，然后将电压调至 −2 V。光电流测量档位调至 10^{-12} A 档，并按照前述方法调零。

2. 取下遮光盖，将激光发射盒移近光电暗盒，避免环境光射入光电管。将激光发射盒的光强档调至第 5 档，波长档位调至最短波长，并打开激光发射盒的工作电源开关。

3. 激光光源点亮 3 min，待光强相对稳定。然后从低到高往 0 V 电压方向单向调节电压（应尽量避免光电流大幅超过零后的回调），直到光电流稳定在 0.0×10^{-12} A，将该波长下此时对应的电压 U_0 的绝对值记录于表 5-4-2 中。

4. 严格按照从短波到长波顺序，依次调节波长档，重复步骤 3。

5. 根据公式 $\nu=c/\lambda$ 计算各波长对应的光频率，绘制 $|U_0|-\nu$ 关系曲线，进行线性拟合计算直线斜率，斜率和电子电量（1.6×10^{-19} C）的乘积即为普朗克常数，最后与参考值（6.626×10^{-34} J·s）比较计算普朗克常数的相对误差。

实验二：测量光电管的伏安特性和光电特性曲线

1. 移开激光发射盒，将偏振片安装在激光发射盒出光孔上，并用遮光盖遮住光电暗盒进光孔。将测试仪的电压选择按键切换至 −2～+30 V 档，光电流测量档位调至10^{-11} A 档，将仪器按照前述方法调零。

2. 将激光发射盒的光强档调至第 5 档，选定某波长并点亮 3 min，人眼观察遮光盖上反射的光斑亮度变化情况，旋转偏振片，直到光斑亮度最小（注意：避免强光直射人眼），然后锁紧偏振片。

3. 取下光电暗盒遮光盖，将激光发射盒移近光电暗盒，避免环境光射入光电管。

4. 将电压调至（26.0±0.1）V。小心仔细地旋转偏振片，使光电流在（100±50）×10^{-11} A 范围内时锁紧偏振片。

5. 将电压调回（0.0±0.1）V，记录从 0.0～26.0 V（推荐间隔 2.0 V）的光电流于表 5-4-3 中。

6. 依次减小光强档位，重复步骤 5。

7. 根据表 5-4-3 数据，绘制同一波长的光在光强档位一条线下的伏安特性曲线，并绘制 14 V 条件下光电流与光强档位的关系曲线。

五、注意事项

1. 在电流量程切换或电压档位切换时，必须按照调零方法进行调零，否则会影响实验精度。实验前光电暗盒进光孔应用遮光盖遮住。

2. 实验一中若出现光电流大幅超过零的情况，可重新将电压调至−2 V附近，再由低向高单向调节电压，直到光电流从负到零；为节省后面实验的时间，待最长波的数据记录完后保持该波长继续点亮。

3. 实验二中光电流严禁超过200×10^{-11} A，否则影响光电管寿命。

六、数据记录与处理

表5-4-2　测量截止电压U_0与光频率ν的关系

波长λ/nm	
频率ν/$\times10^{14}$ Hz	
截止电压绝对值$\lvert U_0\rvert$/V	

表5-4-3　测量光电管的伏安特性和光电特性

波长：________nm

U_{AK}/V		0.0	2.0	4.0	6.0	8.0	10.0	12.0	14.0	16.0	18.0	20.0	22.0	24.0	26.0
光电流I/$\times10^{-11}$ A	1档														
	2档														
	3档														
	4档														
	5档														

七、思考与讨论

测量时，为何要避免环境光射入光电管？

5.5　牛顿环测定透镜曲率半径实验

1675年，牛顿在制作天文望远镜时，偶然将望远镜放在平板玻璃上，发现许多同心圆花样，后人称**牛顿环**。牛顿环是一种分振幅方法实现等厚干涉的现象。在一块玻璃上，放一曲率半径很大的平凸透镜，用单色光照射透镜与玻璃片，就可以观察到一些明暗相间的同心圆环，圆环分布是内疏外密，圆心在接触点。从反射的方向看到的是中心为暗纹，透射方向观察中心为明纹。如果用白光照射，可观测到彩色条纹。

科学研究与工程技术上广泛应用等厚干涉现象。如测量光的波长，微小长度变化，检验工件表面光洁度等。

一、实验目的

1. 观测等厚干涉现象及干涉条纹特点。
2. 掌握用牛顿环干涉测定透镜曲率半径的方法。
3. 通过实验加深对等厚干涉原理的理解。

二、实验仪器

牛顿环,移测显微镜(读数显微镜),钠灯。

三、实验原理

1. 牛顿环干涉的原理

曲率半径很大的平凸透镜 AOB 放在平面玻璃 CD 上构成一牛顿环仪,结构见图5-5-1所示。设待测透镜的曲率半径为 R。光线照到透镜的光路如图 5-5-2 所示,光线 1 和光线 2 相遇,由于是相干光所以产生干涉现象。

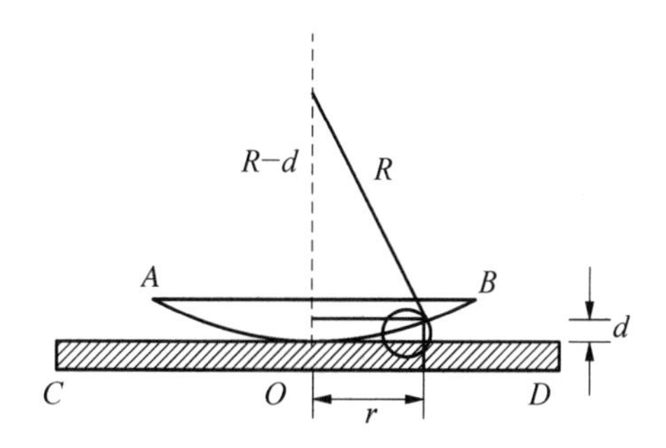

图 5-5-1 牛顿环结构图

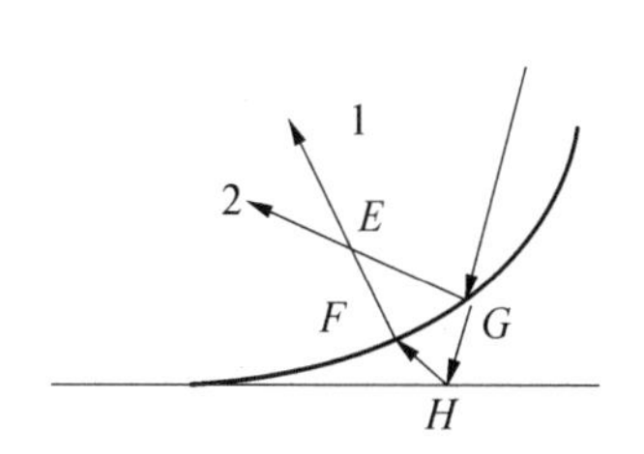

图 5-5-2 牛顿环光路图

据干涉的原理,干涉现象为产生明暗相间的条纹,当两路光的光程差为波长的整数倍时,干涉加强,产生明纹;光程差为半波长的奇数倍时,干涉相消,产生暗纹。由于牛顿环的空气气隙为一个体形,所以它产生的干涉现象为明暗相间的环,如图 5-5-3 所示。

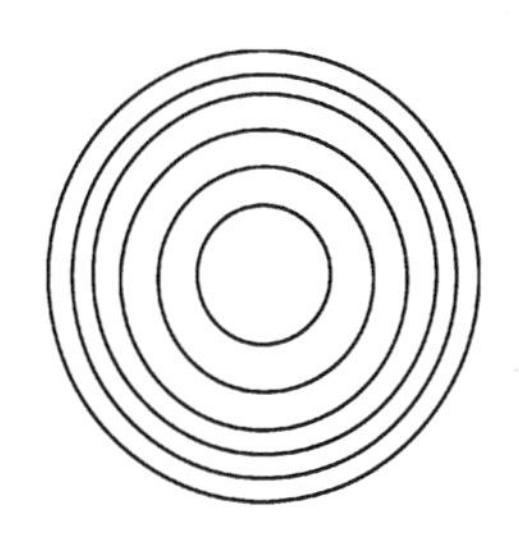
图 5-5-3 牛顿环干涉图样

设光程差为 Δ,则有

$$\Delta = k \cdot \lambda, k = 1,2,3,\cdots \quad 明环 \qquad (5-5-1)$$

$$\Delta = (2k+1) \cdot \frac{\lambda}{2}, k = 0,1,2\cdots \quad 暗环 \qquad (5-5-2)$$

式中:k 为干涉的级数。又由图 5-5-2 中 EF 的长度约等于 EG 的长度,FH 的长度约等于 GH 的长度,加上光由光疏媒质入射到光密媒质反射时存在的半波损失,总的光程差为 $2d+\lambda/2$,因此有

$$2d + \frac{\lambda}{2} = k \cdot \lambda, k = 1,2,3\cdots \quad 明环 \qquad (5-5-3)$$

$$2d+\frac{\lambda}{2}=(2k+1)\cdot\frac{\lambda}{2},k=0,1,2\cdots \quad \text{暗环} \tag{5-5-4}$$

2. 牛顿环干涉测量透镜曲率半径的原理

设第 k 级明环(或暗环)的半径为 r,气隙高度为 d,由图 5-5-1 有

$$R^2=r^2+(R-d)^2 \tag{5-5-5}$$

整理得

$$r^2=2Rd-d^2 \tag{5-5-6}$$

因为透镜的曲率半径很大,d 很小,而 d^2 更小,所以略去,因此有

$$d=\frac{r^2}{2R} \tag{5-5-7}$$

将(5-5-7)式代入到(5-5-3)式和(5-5-4)式,得到

$$r^2=(2k-1)\cdot R\cdot\frac{\lambda}{2},k=1,2,3\cdots \quad r\text{ 为明环的半径} \tag{5-5-8}$$

$$r^2=k\cdot R\cdot\lambda,k=0,1,2\cdots \quad r\text{ 为暗环的半径} \tag{5-5-9}$$

因此,只要知道了干涉环的级数,所在环的半径及钠光的波长,就可以测定透镜的曲率半径 R。但是对牛顿环来说,两接触面之间难免附着有尘埃,并且在接触时难免发生弹性形变,因而接触处不可能是一个严格的几何点,而是一个圆斑。所以近圆心处环纹比较模糊和粗阔,以致难以确定环纹的干涉级数,即 k 为数不准的数,所以据(5-5-8)式和(5-5-9)式无法准确测定透镜的曲率半径,或者说测量的误差较大.为此选用较简单的(5-5-9)式进行调整,设所数环的序数为 m,因中间不清晰而造成的级数的损失为 j(即 j 为干涉级数的修正值),因此(5-5-9)式有修正公式为

$$r^2=(m+j)\cdot R\cdot\lambda \tag{5-5-10}$$

测定两个比较清晰的暗环的半径,于是有

$$r_{m2}^2-r_{m1}^2=[(m_2+j)-(m_1+j)]\cdot R\cdot\lambda=(m_2-m_1)\cdot R\cdot\lambda \tag{5-5-11}$$

(5-5-11)式表明,任意两环的半径平方差和干涉级以及环系数无关,只与两个环的系数之差(m_2-m_1)有关。因此,只要精确测定两个环的半径,由两个半径的平方差值就可以准确测定透镜的曲率半径 R,即

$$R=\frac{r_{m2}^2-r_{m1}^2}{(m_2-m_1)\lambda} \tag{5-5-12}$$

四、实验步骤

1. 调整牛顿环仪调节框上的螺旋使干涉环呈圆形,并使环位于透镜的中心位置,但要

注意不能太拧紧螺旋。

2. 安装好仪器，使显微镜视场中能观察到黄色明亮的颜色。

3. 调节显微镜的目镜，使叉丝最清晰，然后由下而上移动镜筒对干涉条纹调焦，使环尽可能清晰。

4. 从第1环道第20环，测定各环直径两端的位置 X_n，X_n'，要从最外测位置 X_{20} 开始连续测到 X_{20}' 为止。则各环半径为

$$r=\frac{1}{2}\mid x_n-x'_n\mid \tag{5-5-13}$$

因此得

$$\Delta_1=r_{11}^2-r_1^2,\Delta_2=r_{12}^2-r_2^2,\cdots,\Delta_{10}=r_{20}^2-r_{10}^2 \tag{5-5-14}$$

取各自的平均值代入(5-5-12)式计算。

5. 计算透镜的曲率半径 R 及其标准偏差 s。

五、注意事项

1. 干涉环两侧的序数不要数错。

2. 防止实验装置受震引起干涉环的变化。

3. 测量时从 X_{20} 测量到 X_{20}'，按一个方向测，以免引起"回程误差"。

4. 在调整目镜的叉丝时，尽量使十字架中的一根与移测显微镜的横向调节纽垂直，同时使其与环相切，以保证测量的值为直径，否则的话，测出的值会是弦，引起测量误差。

5. 调焦时注意从下而上调，以免损坏物镜。

六、数据记录与处理

1. 测干涉各暗环的位置，钠光波长 $\lambda=589.3$ nm。

表 5-5-1

暗环级数		$i+19$	$i+18$	$i+17$	$i+16$	$i+15$	$i+14$	$i+13$	$i+12$	$i+11$	$i+10$
环级位置/mm	左										
	右										
半径 r/mm											
暗环级数		$i+9$	$i+8$	$i+7$	$i+6$	$i+5$	$i+4$	$i+3$	$i+2$	$i+1$	i
环级位置/mm	左										
	右										
半径 r/mm											

2. 用逐差法处理数据。

$$R_1=\frac{r_{i+10}^2-r_i^2}{10\lambda},R_2=\frac{r_{i+11}^2-r_{i+1}^2}{10\lambda}\cdots$$

计算得到的 R_1、R_2、…、R_{10} 结果记录于表5-5-2中。

表 5-5-2

次数/k	1	2	3	4	5	6	7	8	9	10
透镜曲率半径 R/mm										

平均曲率半径($\bar{R}$)为

$$\bar{R}=\frac{\sum R_k}{\sum k}=$$

标准差为

$$s=\sqrt{\frac{\sum(\bar{R}-R_k)^2}{k-1}}=$$

故透镜的曲率半径为 $R=\bar{R}\pm s=$

七、思考与讨论

1. 用牛顿环实验能否测量光的波长？如果能，请说明理由。
2. 怎样用牛顿环来检查光学平板的平整度。

5.6 偏振光分析实验

偏振光是指光矢量的振动方向不变，或具有某种规则的变化的光波。按照其性质，偏振光又可分为平面偏振光(线偏振光)、圆偏振光和椭圆偏振光、部分偏振光几种。如果光波电矢量的振动方向只局限在一确定的平面内，则这种偏振光称为平面偏振光，因为振动的方向在传播过程中为一直线，故又称线偏振光。如果光波电矢量随时间做有规则地改变，即电矢量末端轨迹在垂直于传播方向的平面上呈圆形或椭圆形，则称为圆偏振光或椭圆偏振光。如果光波电矢量的振动在传播过程中只是在某一确定的方向上占有相对优势，这种偏振光就称为部分偏振光。

一、实验目的

1. 观察光的偏振现象，强化对偏振光的认识。
2. 掌握偏振片的作用及使用方法。
3. 验证马吕斯定律。
4. 掌握 1/4 波片的作用及使用方法。

二、实验仪器

激光器，偏振片(2 片)，数字光功率计，一维底座，1/4 波片(1 片)。

三、实验原理

1. 基本概念

偏振:波的振动方向相对传播方向的不对称性。

振动面:光的振动方向与光的传播方向构成的平面。

偏振方向:光矢量 $\vec{E}$ 的方向。

偏振片:涂有二向色性材料的透明薄片。

偏振化方向:当自然光照射在偏振片上时，它只让某一特定方向的光振动通过,这一方向称为偏振片的偏振化方向。

起偏:使自然光(或非偏振光)变成线偏振光的过程。

检偏:检查入射光的偏振性。

波片:是光轴平行表面的晶体薄片。

1/4 波片：一定厚度的双折射单晶薄片。当光法向入射透过时,寻常光(o 光)和非常光(e 光)之间的位相差等于 $\pi/2$ 或其奇数倍。

2. 分类

线偏振光(平面偏振光):光矢量始终在一个方向振动,如图 5-6-1 所示。

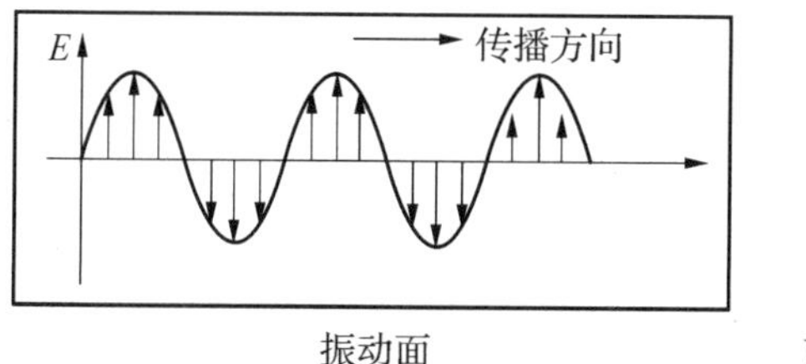

图 5-6-1 线偏振光振动情况

自然光:光振动的振幅既有时间分布的均匀性,又有空间分布的均匀性。光矢量的振动在各个方向上的分布是对称的,振幅也可以看成完全相等,一束自然光可分解为两束振动方向相互垂直的、等幅的、不相干的线偏振光,如图 5-6-2 所示。

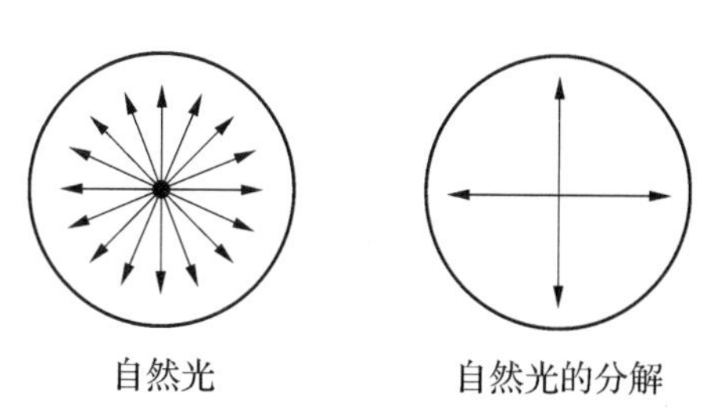

图 5-6-2 自然光振动情况

部分偏振光:完全偏振光和自然光的混合。部分偏振光可分解为两束振动方向相互垂直的、不等幅的、不相干的线偏振光,如图 5-6-3 所示。

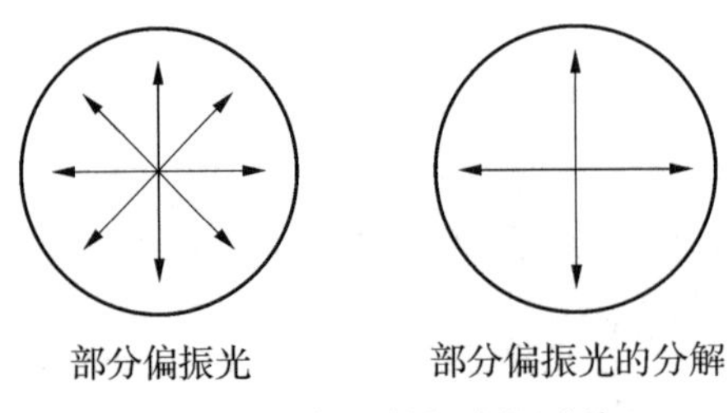

图 5-6-3　部分偏振光振动情况

圆偏振光:垂直于光传播方向的任一截面内,光振动矢量为一旋转矢量,端点运动轨迹是一个圆,如图 5-6-4 所示。

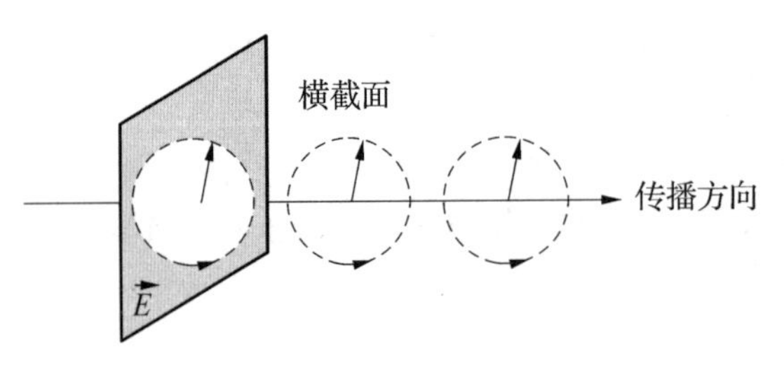

图 5-6-4　圆偏振光振动情况

椭圆偏振光:垂直于光传播方向的任一截面内,光振动矢量为一旋转矢量,端点运动轨迹是一个椭圆,如图 5-6-5 所示。

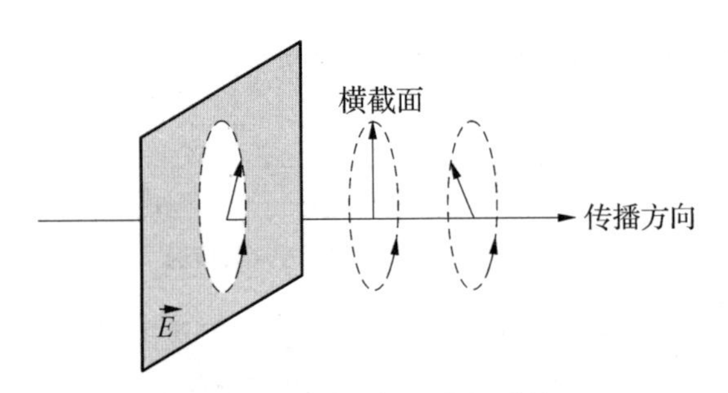

图 5-6-5　椭圆偏振光振动情况

3. 马吕斯定律

马吕斯定律:强度为 I_0 的偏振光通过检偏振器后(图 5-6-6),出射光的强度为 $I=I_0\cos^2\alpha$(α 为起偏器和检偏器之间的相对角度)。

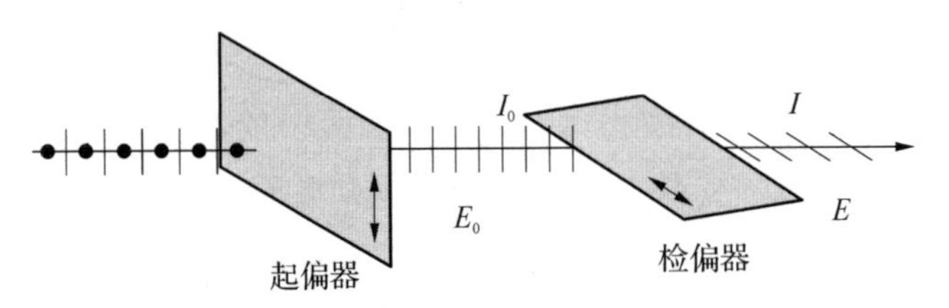

图 5-6-6　马吕斯定律测试原理示意图

4. 1/4 波片的原理

如图 5-6-7 所示为 1/4 波片的基本工作原理，其中 P 为入射线偏振光的偏振化方向。α 为入射线偏振光偏振化方向与晶体光轴的夹角。

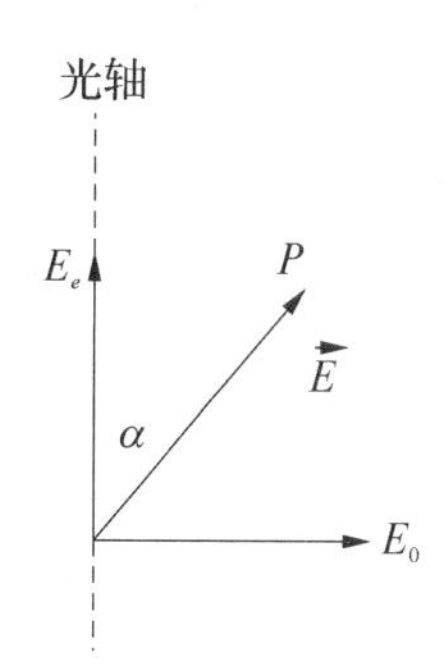

图 5-6-7 1/4 波片的原理

寻常光(o 光)和非常光(e 光)之间的振幅关系：$E_e=E\cos\alpha$，$E_o=E\sin\alpha$。

通过厚为 d 的晶片，o 和 e 光产生的光程差为

$$\delta=(n_o-n_e)d \tag{5-6-1}$$

相位差为

$$\Delta\phi=\phi_o-\phi_e=\frac{2\pi}{\lambda}(n_o-n_e)d \tag{5-6-2}$$

1/4 波片为

$$\delta=(n_o-n_e)d=(2k+1)\frac{\lambda}{4} \tag{5-6-3}$$

从线偏振光获得椭圆或圆偏振光的 α 取值为 $\alpha=\frac{\pi}{4}$；线偏振光→圆偏振光；$\alpha=0,\frac{\pi}{2}$；线偏振光→线偏振光；$\alpha\neq 0,\frac{\pi}{4},\frac{\pi}{2}$；线偏振光→椭圆偏振光。

四、实验步骤

1. 验证马吕斯定律

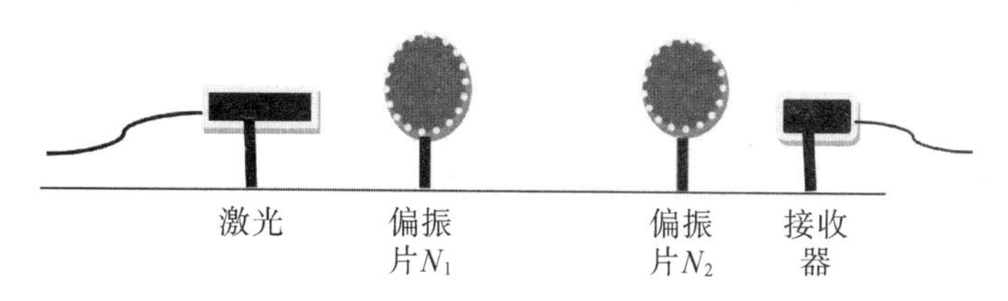

图 5-6-8 验证马吕斯定律实验装置

(1) 调节激光器和接收器，使得二者共轴(目测激光进入接收器，光斑位于接收器中

心位置)。

(2) 在激光器和接收器之间加入偏振片 N_1,并调节 N_1 的偏振角度,使光功率计读数最大。

(3) 加入偏振片 N_2,调节 N_2 的偏振角度,直至消光(目测接收器激光消失)。此时,若数字光功率计示数不为零,则通过“调零”旋钮将其调整为零(若无法调零,只需将光功率计读数调节到最小值即可)。

(4) 在上一步基础上,继续调节偏振片 N_2,使光功率计读数达到最大值。记录光功率计读数 I_{max}($I_{max}=I_0$)以及偏振片 N_2 所对应的偏振角度 θ_{N2max}。

(5) 继续转动偏振片 N_2,使其偏振角度增加 30°(即旋转至 $\theta_{N2max}+30°$ 的位置)。记录此时光功率计的读数及偏振片 N_2 的偏振角度。

(6) 继续增加偏振片 N_2 的偏振角度,分别增加 15°、30°、60°(即分别旋转至 $\theta_{N2max}+45°$、$\theta_{N2max}+60°$、$\theta_{N2max}+90°$ 的位置),分别记录下对应的光功率计读数及偏振片 N_2 的偏振角度。

(7) 将上述记录的数据填入表 5-6-1 中,并验证马吕斯定律($I_{测}=I_0\cos^2\alpha$)。

2. 测定 1/4 波片的作用

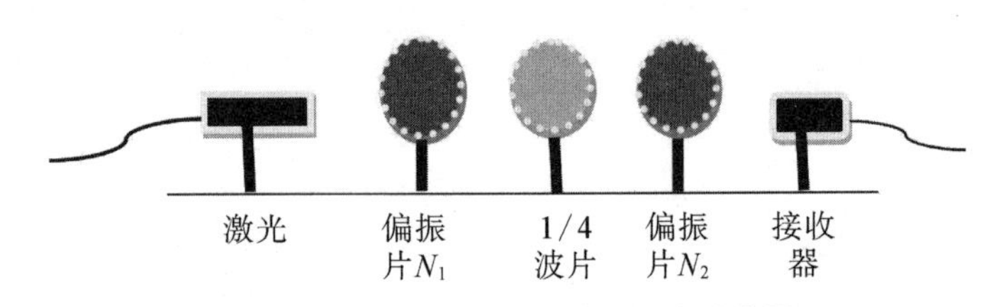

图 5-6-9　测定 1/4 波片作用实验装置

(1) 重复实验步骤 1 中的(验证马吕斯定律实验) 第(1)、(2)、(3)步。

(2) 在偏振片 N_1 和 N_2 之间加入 1/4 波片,调节 1/4 波片的角度,出现消光。此时,光功率计示数应该为零。若示数不为零,则通过“调零”旋钮将其调整为零(若无法调零,只需将光功率计读数调节到最小值即可)。

(3) 仪器调整完毕,开始测量。将 1/4 波片转动 15°,破坏消光。然后将偏振片 N_2 转动 360°,记录转动过程中光功率计示数出现的极大值和极小值(将出现两个极大值和两个极小值),并记录出现极大值和极小值时偏振片 N_2 所对应角度。

(4) 依次将 1/4 波片转动角度改为 45°(在 15°的基础上再转动 30°即可)和 90°(在 45°的基础上再转动 45°即可)。分别将偏振片 N_2 转动 360°,记录转动过程中光功率计示数出现的极大值和极小值(将出现两个极大值和两个极小值),以及出现极大值和极小值时 N_2 所对应角度.

(5) 将记录的数据填入表 5-6-2,根据数据判断光的偏振性质(线偏振、圆偏振、椭圆偏振)。

五、注意事项

1. 尽量调节各光学元件共轴。

2. 取放光学元件时要轻拿轻放，放回光具座后面，避免碰倒或掉到桌下。

六、数据记录与处理

表5-6-1 验证马吕斯定律

α （N_2 相对起始值改变角度）	θ_{N2} （N_2 读数）	$I_{测}$	$I=I_0\cos^2\alpha$	$\eta=\frac{\lvert I-I_{测}\rvert}{I}$
0°				
30°				
45°				
60°				
90°				

表5-6-2 测定1/4波片的作用

λ/4波片转动的角	检偏器转动360°出现极大、极小值时		光的偏振性质
	检偏器角度	光功率计读数	
15°			
45°			
90°			

七、思考与讨论

1. 什么是起偏器？什么是检偏器？
2. 如何判断光的偏振性质为线偏振光？
3. 如何区分自然光和圆偏振光？

5.7 用透射光栅测定光波的波长

衍射光栅是根据单缝衍射和多缝干涉原理制成的一种分光元件，衍射光栅的分辨本领很高，广泛用于光谱分析等领域。本实验使用的衍射光栅是1 nm刻有3 333条刻线，光栅常数 d 为 $10^4/3$ nm。

一、实验目的

1. 认识分光计的结构，学习正确调节和使用分光计的方法。
2. 加深对光栅分光原理的理解。
3. 用透射光栅测定光栅常量，光波波长和光栅角色散。

二、实验仪器

分光计，平面透射光栅，平行光管，钠灯。

三、实验原理

用透射光栅测定光波波长：

如图 5-7-1，当一束单色平行光垂直照射到衍射光栅平面时产生衍射明条纹的条件为

$$d\sin\theta = \pm k\lambda, (k=0,1,2\cdots) \tag{5-7-1}$$

(5-7-1)式称为光栅方程，式中 d 为光栅常数($d=b+b'$)；λ 为入射光的波长；k 为光谱级数；θ 为 k 级谱线的衍射角。光栅方程是产生衍射明条纹的条件，由方程可以看出，当 $k=0$ 时，在对应于衍射角 $\theta=0$ 的中央处可以观察到中央(零级)明条纹；$k=0,1,2\cdots$分别称为一级、二级…明条纹，正负号表示各级明条纹在中央(零级)明条纹两侧对称分布，称为谱线。若入射光为复色光，根据光栅方程可以看出，在 $\theta=0(k=0,1,2\cdots)$处，各波长谱线重叠在一起，形成与复色光颜色相同的中央明条纹，其余各级光谱根据波长大小依次排列，形成彩色谱线，称为光栅谱线；对于同一级次，波长短的谱线在中央明条纹里侧，波长长的谱线在中央明条纹外侧。例如，本实验中的光源采用的是钠光，中央明条纹与钠光颜色一致，而一级二级…明条纹则由内向外呈现出紫色、绿色和黄色的排布如图 5-7-2 所示。

在已知光波波长 λ 的情况下，利用分光计对衍射角 θ 进行测量，根据(5-7-1)式可以计算出光栅常数 d。反之，在已知光栅常数 d 的情况下，可以计算出光波波长 λ。

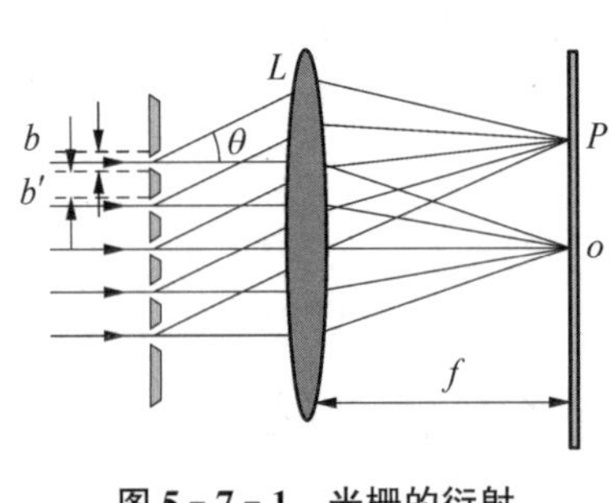

图 5-7-1　光栅的衍射

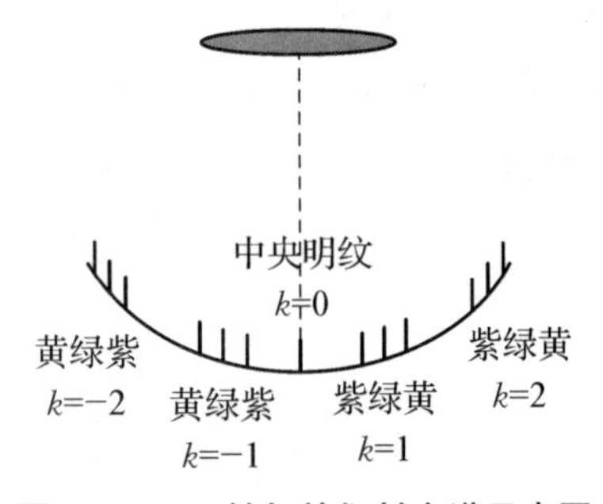

图 5-7-2　钠灯的衍射光谱示意图

四、实验步骤

1. 分光计的调节

(1) 望远镜适应平行光(对无穷远调焦)。

(2) 运用“半调法”使望远镜、准直管主轴均垂直于仪器主轴。

(3) 准直管发出平行光。

2. 光栅位置的调节

(1) 使望远镜对准准直管，从望远镜中观察到被照亮的准直管狭缝的像，角度复位，记为 0°。

(2) 使光栅面与入射光垂直，将光栅衍射面调节到和观察面刻度盘平面一致。

3. 测量光栅常量 d

(1) 转动望远镜到光栅的一侧,使叉丝垂直线对准已知波长 λ 的第 1 级谱线的中心,记录衍射角 θ_1;继续向同一方向转动望远镜,测量该光波的第 2 级谱线的衍射角 θ_2;同理,测量第 3 级谱线的衍射角 θ_3,数据记录在表 5-7-1 中。

(2) 转动望远镜到光栅的另一侧,同(1)重复测量几次该光波的衍射角。

(3) 根据光栅方程,根据课堂要求,计算 d 值。

4. 测量波长 λ

(1) 转动望远镜,使叉丝的垂直线对准绿光第 1 级衍射光谱的中心,记录衍射角 θ_1;继续向同一方向转动望远镜,测量该光波的第 2 级谱线的衍射角 θ_2;同理,测量第 3 级谱线的衍射角 θ_3,数据记录在表 5-7-2 中。

(2) 转动望远镜到光栅的另一侧,同(1)重复测量几次该光波的衍射角。

(3) 根据光栅方程,根据课堂要求计算绿光的 λ 值。

(4) 按照以上方法测量绿光和紫光波长。

五、注意事项

1. 不可用手触摸任何光学元件表面。

2. 光栅位置调节好后,在实验过程中不能移动;测量过程中,光栅应固定在载物台上,避免掉落摔破。

3. 测量完成后及时关闭光源和分光计,以延长使用寿命。

六、数据记录与处理

1. 测量光栅常数,黄光波长 $\lambda=589.3$ nm, 见表 5-7-1,标准光栅常数 $d_0=10^4/3$ nm。

表 5-7-1

谱线(汞灯)	级次 k	望远镜位置				$\theta=(\lvert A_{左}-A_{右}\rvert+\lvert B_{左}-B_{右}\rvert)/4$	$d=\dfrac{k\lambda}{\sin\theta}$	$\bar{d}$	百分差
		左		右					
		A 窗	B 窗	A 窗	B 窗				
黄光 (589.3 nm)	1								
	2								
	3								

2. 测量光波波长,标准光栅常数 $d_0=10^4/3$ nm,见表 5-7-2。

表 5-7-2

谱线(汞灯)	级次 k	望远镜位置				$\theta=(\lvert A_{左}-A_{右}\rvert+\lvert B_{左}-B_{右}\rvert)/4$	$\lambda=\frac{d\sin\theta}{k}$	$\bar{\lambda}$	百分差
		左		右					
		A 窗	B 窗	A 窗	B 窗				
紫光(404.7 nm)	1								
	2								
	3								
绿光(546.1 nm)	1								
	2								
	3								
黄光(577.1 nm)	1								
	2								
	3								
黄光(579.1 nm)	1								
	2								
	3								

七、思考与讨论

1. 单色光和复合光经过光栅衍射出的条纹有何区别?
2. 如果波长都是未知的,能否利用光栅测其波长?
3. 分析光栅面与入射光不严格垂直时,对实验有影响吗?试简要说明。

附　录

一、国际单位

附表 1　国际单位制(SI)的基本单位

量的名称	单位名称	单位符号
长度	米	m
质量	千克	kg
时间	秒	s
电流	安[培]	A
热力学温度	开[尔文]	K
物质的量	摩[尔]	mol
发光强度	坎[德拉]	cd

附表 2　专门名称的 SI 导出单位

量的名称	单位名称	单位符号	基本单位和导出单位的关系
[平面]角	弧度	rad	$1\ rad=1\ m\cdot m^{-1}=1$
立体角	球面度	sr	$1\ sr=1\ m^2\cdot m^{-2}=1$
频率	赫[兹]	Hz	$1\ Hz=1\ s^{-1}$
力	牛[顿]	N	$1\ N=1\ kg\cdot m\cdot s^{-2}$
压力、压强、应力	帕[斯卡]	Pa	$1\ Pa=1\ N\cdot m^{-2}$
功、能[量]、热量	焦[耳]	J	$1\ J=1\ N\cdot m$
功率、辐[射能]通量	瓦[特]	W	$1\ W=1\ J\cdot s^{-1}$
电荷[量]	库[仑]	C	$1\ C=1\ A\cdot s$
电压、电动势、电势	伏[特]	V	$1\ V=1\ W\cdot A^{-1}$
电容	法[拉]	F	$1\ F=1\ C\cdot V^{-1}$
电阻	欧[姆]	Ω	$1\ \Omega=1\ V\cdot A^{-1}$
电导	西[门子]	S	$1\ S=1\ \Omega^{-1}$
磁通[量]	韦[伯]	Wb	$1\ Wb=1\ T\cdot m^2$
磁通[量]密度、磁感应强度	特[斯拉]	T	$1\ T=1\ Wb\cdot m^{-2}$
电感	亨[利]	H	$1\ H=1\ Wb\cdot A^{-1}$
摄氏温度	摄氏度	℃	1 ℃=1 K

附表 3　常用基本物理常数

量的名称	符号	数值	单位
万有引力常量	G	$6.672\ 0\times10^{-11}$	$N\cdot m\cdot kg^{-2}$
标准重力加速度	g	9.806 65	$m\cdot s^{-2}$
0 ℃时水的密度	$\rho(H,0)$	999.973	$kg\cdot m^{-3}$
0 ℃时汞的密度	$\rho(Hg)$	13 595.04	$kg\cdot m^{-3}$
20 ℃时水的比热	C	4 184	$J\cdot kg^{-1}\cdot K^{-1}$
冰的熔化热	λ	333 464.8	$J\cdot kg^{-1}$
100 ℃时水的汽化热	L	2 255 176	$J\cdot kg^{-1}$
标准状况下的温度	T_0	273.15	K
标准状况下的压强	P_0	1 atm;$1.013\ 25\times10^5$	Pa
标准状况下理想气体的摩尔体积	V mol	22.413 83	$L\cdot mol^{-1}$
阿伏伽德罗常数	N	$6.022\ 045\times10^{23}$	mol^{-1}
摩尔气体常量	R	8.314 4	$J\cdot mol^{-1}\cdot K^{-1}$
玻耳兹曼常量	$k=R/NA$	$1.380\ 662\times10^{-23}$	$J\cdot K^{-1}$
真空中光速	c	$2.997\ 924\ 58\times10^{8}$	$m\cdot s^{-1}$
真空中声速	v	331.46	$m\cdot s^{-1}$
普朗克常量	h	$6.626\ 176\times10^{-3}$	$J\cdot s$
静止电子质量	m_e	$9.109\ 534\times10^{-31}$	kg
静止质子质量	m_p	$1.674\ 648\ 5\times10^{-27}$	kg
静止中子质量	m_n	$1.672\ 61\times10^{-27}$	kg
电子的荷质比	e/m_e	$1.758\ 804\ 7\times10^{11}$	$C\cdot kg$
原子质量单位	u	$1.660\ 565\ 5\times10^{-27}$	kg
斯特藩-玻耳兹曼常量	σ	$5.669\ 7\times10^{-3}$	$W\cdot m^{-2}\cdot K$
基本电荷电量	e	$1.602\ 189\ 2\times10^{-19}$	C
真空电容率	ε_0	$8.854\ 188\times10^{-12}$	$F\cdot m^{-1}$
真空磁导率	u_0	$12.566\ 37\times10^{-7}$	$N\cdot A^{-2}$
法拉第常数	$F=eN_A$	$9.648\ 456\times10^{4}$	$C\cdot mol^{-1}$

附表 4　海平面上不同位置的重力加速度

纬度 φ/(°)	重力加速度 g/($m\cdot s^{-2}$)	纬度 φ/(°)	重力加速度 g/($m\cdot s^{-2}$)
0	9.780 49	50	9.810 79
5	9.780 88	55	9.815 15
10	9.782 04	60	9.819 24
15	9.783 94	65	9.822 94
20	9.786 52	70	9.826 14
25	9.789 69	75	9.828 73
30	9.783 38	80	9.830 65
35	9.797 46	85	9.831 82
40	9.801 82	90	9.832 21
45	9.806 29		

附表 5 声音在不同介质中的传播速度(20 ℃时)

物质	声速/(m·s^{-1})	物质	声速/(m·s^{-1})
铝	500	空气	331.46
铜	3 750	二氧化碳	258.0
电解铁	5 120	氯	205.3
水	1 482.9	氢	1 269.5
汞	1 451.0	水蒸气(100 ℃)	404.8
甘油	1 923	氧	317.2
乙醇	1 168	氨	415
四氯化碳	935	甲烷	432

附表 6 常见物质的密度(20 ℃时)

物质	密度 ρ/(kg·m^{-3})	物质	密度 ρ/(kg·m^{-3})
铝	2 698.9	石英	2 500～2 800
铜	8 960	水晶玻璃	2 900～3 000
铁	7 874	有机玻璃	1 200～1 500
银	10 500	冰(0 ℃)	880～920
金	19 320	乙醇	789.4
钨	19 300	乙醚	714
铂	21 450	汽车用汽油	710～720
铅	11 350	变压器油	840～890
锡	7 298	甘油	1 260
水银	13 546.2	蜂蜜	1 435
钢	7 600～7 900	食盐	2 140

附表 7 常见材料各向同性的杨氏模量(20 ℃时)

材料	杨氏模量 Y/(N·m^{-2})	材料	杨氏模量 Y/(N·m^{-2})
低碳钢,16Mn 钢	$(2.0\sim2.2)\times10^{11}$	球墨铸铁	$(1.5\sim1.8)\times10^{11}$
普通合金钢	$(2.0\sim2.2)\times10^{11}$	可锻铸铁	$(1.5\sim1.8)\times10^{11}$
合金钢	$(1.9\sim2.2)\times10^{11}$	铸钢	1.72×10^{11}
灰铸铁	$(0.6\sim1.7)\times10^{11}$	硬铝合金	0.71×10^{11}
金	0.81×10^{11}	石英	0.73×10^{11}
银	0.75×10^{11}	聚乙烯	0.0077×10^{11}
铝	0.703×10^{11}	聚苯乙烯	0.036×10^{11}
铜	1.29×10^{11}	尼龙	0.035×10^{11}

附表 8　不同温度下常见液体的粘滞系数

液体	温度/℃	粘滞系数 η /($\times10^{-6}$ Pa·s)
汽油	0	1 788
	18	530
甲醇	0	817
	20	584
乙醇	−20	2 780
	0	1 780
	20	1 190
乙醚	0	296
	20	243
变压器油	20	19 800
蓖麻油	10	242×10^{4}
葵花籽油	20	50 000
甘油	−20	134×10^{6}
	0	121×10^{5}
	20	$1\ 499\times10^{3}$
	100	12 945
蜂蜜	20	650×10^{4}
	80	100×10^{3}
鱼肝油	20	45 600
	80	4 600
水银	−20	1 855
	0	1 685
	20	1 554
	100	1 224

附表 9　不同温度下蓖麻油的粘滞系数

温度/℃	粘滞系数 η/(Pa·s)	温度/℃	粘滞系数 η/(Pa·s)
0	5.31	25	0.62
5	3.76	26	0.57
10	2.42	27	0.53
15	1.56	28	0.49
20	0.99	29	0.47
21	0.90	30	0.45
22	0.83	35	0.30
23	0.75	40	0.23
24	0.69	45	0.15

附表 10　常温下某些物质的比热容

物质	比热容/($J\cdot kg^{-1}\cdot K^{-1}$)	物质	比热容/($J\cdot kg^{-1}\cdot K^{-1}$)
铝	908	铁	460
黄铜	389	钢	450
铜	385	玻璃	670
康铜	420	冰	2 090
乙醇	2 300 (0 ℃) 2 470(20 ℃)	水银	146.5(0 ℃) 139.3(20 ℃)

附表 11　不同温度时水的比热容

温度/℃	比热容/(J·kg⁻¹·K⁻¹)	温度/℃	比热容/(J·kg⁻¹·K⁻¹)
0	4 217	40	4 179
5	4 202	50	4 180
10	4 192	60	4 184
15	4 186	70	4 189
20	4 182	80	4 196
25	4 179	90	4 205
30	4 178	99	4 215

附表 12　与空气接触的液体表面张力系数(20 ℃时)

液体	表面张力系数 $\sigma/(\times10^{-3}\ N\cdot m^{-1})$	液体	表面张力系数 $\sigma/(\times10^{-3}\ N\cdot m^{-1})$
石油	30	甘油	63
煤油	24	水银	513
松节油	28.8	蓖麻油	36.4
水	72.75	乙醇	22.0
肥皂溶液	40	乙醇(在 60 ℃时)	18.4
弗利昂-12	9.0	乙醇(在 0 ℃时)	24.1

附表 13　不同温度下与空气接触的水的表面张力系数

温度/℃	表面张力系数 σ $/(\times10^{-3}\ N/m)$	温度/℃	表面张力系数 σ $/(\times10^{-3}\ N/m)$	温度/℃	表面张力系数 σ $/(\times10^{-3}\ N/m)$
0	75.62	16	73.34	30	71.15
5	74.90	17	73.20	40	69.55
6	74.76	18	73.05	50	67.90
8	74.48	19	72.89	60	66.17
10	74.20	20	72.75	70	64.41
11	74.07	21	72.60	80	62.60
12	73.92	22	72.44	90	60.74
13	73.78	23	72.28	100	58.84
14	73.64	24	72.12		
15	73.48	25	71.96		

二、温度控制表操作说明

1. 改变设定温度

在基本显示状态下，如果参数锁没有锁上，可通过按◁、▽、△键来修改下显示窗口显示的设定温度控制值。按▽键减小数据，按△键增加数据，可修改数值位的小数点同时闪动(如同光标)。按△键并保持不放，可以快速地增加/减少数值，并且速度会随小数点右移自动加快(2 级速度)。而按◁键则可直接移动修改数据的位置(光标),按△或▽键可修改闪动位置的数值,操作快捷。

按▼键可减小数据:按键并保持不放,可以快速地减少数值。

按▲键可增加数据:按键并保持不放,可以快速地增加数值。

按◀键则可直接移动修改数据的位置(光标)。

2. 自整定(At)操作

采用 AI 人工智能 PID 方式进行控制时,可进行自整定(At)操作来确定 PID 调节参数。在基本显示状态下按◁键并保持 2 秒,将出现 At 参数,按△键将下显示窗的 OFF 修改为 on,再按↻键确认即可开始执行自整定功能。在基本显示状态下仪表下显示窗将闪动显示"At"字样,此时仪表执行位式调节,经 2 个振荡周期后,仪表内部微处理器可自动计算出 PID 参数并结束自整定。如果要提前放弃自整定,可再按◁键并保持约 2 秒钟调出 At 参数,并将 on 设置为 OFF,再按↻键确认即可。

注意:系统在不同给定值下整定得出的参数值不完全相同,执行自整定功能前,应先将给定值 SV 设置在最常用值或是中间值上,如果系统是保温性能好的电炉,给定值应设置在系统使用的最大值上,自整定过程中禁止修改 SV 值。视不同系统,自整定需要的时间可从数秒至数小时不等。自整定刚结束时控制效果可能还不是最佳,由于有学习功能,因此使用一段时间后方可获得最佳效果。

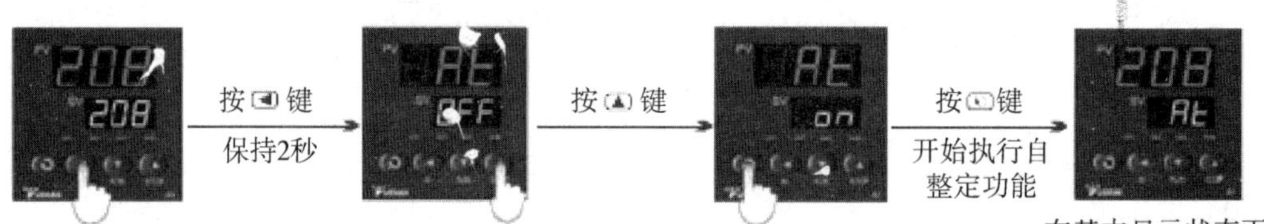

参考文献

[1] 梅孝安,周菊林,李蓓等.大学物理实验教程[M].长沙:中南大学出版社,2011.

[2] 李学慧,徐朋,部德才.大学物理实验(第3版)[M].北京:高等教育出版社,2016.

[3] 李学慧,大学物理实验[M].北京:高等教育出版社,2005.

[4] 刘竹琴,杨能勋.大学物理实验教程[M].北京:北京理工大学出版社,2011.

[5] 徐志洁.大学物理实验[M].北京:高等教育出版社,2011.

[6] 曹正东,何雨华,孙文光.大学物理实验[M].上海:同济大学出版社,2003.

[7] 丁慎训,张连芳.大学物理实验[M].北京:清华大学出版社,2002.

[8] 沈元华,陆申龙.基础物理实验[M].北京:高等教育出版社,2003.

[9] 何焰蓝,杨俊才.大学物理实验[M].北京:机械工业出版社,2012.

[10] 白泽生,王立.大学物理实验(第2版)[M].西安:陕西人民出版社,2006.

[11] 王九元,邓文武,阮诗森.大学物理实验[M].西安:西北工业大学出版社,2021.

[12] 杨述武,赵立竹,沈国土.普通物理实验(第4版)[M].北京:高等教育出版社,2007.

[13] 沙振舜,黄润生.新编近代物理实验[M].南京:南京大学出版社,2002.

[14] 那仁文.大学物理实验[M].上海:同济大学出版社,2012.

[15] 李柱峰.大学物理实验[M].北京:机械工业出版社,2013.